生命的元素

元素周期表上的超级力量

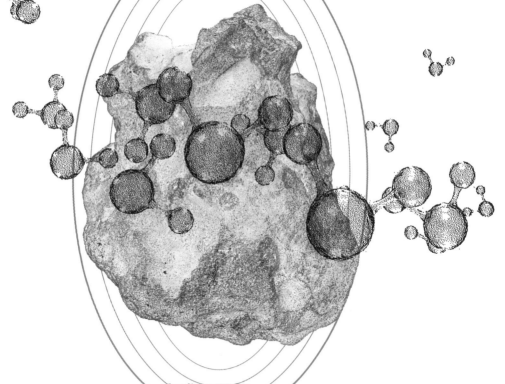

[挪威] 安雅·罗因 著 孙亚飞 译

The Elements We Live By
Anja Røyne

天津出版传媒集团

天津科学技术出版社

著作权合同登记号：图字 02-2022-261

Originally published in Norway as *Menneskets grunnstoffer: Byggeklossene vi og verden er laget av* by Kagge Forlag AS in 2018.
Copyright © 2018 by Anja Røyne
Published by arrangement with Stilton Literary Agency, through The Grayhawk Agency Ltd.
Simplified Chinese edition copyright © 2023 by United Sky (Beijing) New Media Co., Ltd.

图书在版编目（CIP）数据

生命的元素 / (挪) 安雅·罗因著；孙亚飞译. -- 天津：天津科学技术出版社，2023.1
书名原文：MENNESKETS GRUNNSTOFFER
ISBN 978-7-5742-0648-9

Ⅰ. ①生… Ⅱ. ①安… ②孙… Ⅲ. ①化学元素 – 普及读物 Ⅳ. ①O611-49

中国版本图书馆CIP数据核字(2022)第205697号

生命的元素
SHENGMING DE YUANSU

选题策划：联合天际·边建强
责任编辑：刘 磊 胡艳杰

出　　版：天津出版传媒集团
　　　　　天津科学技术出版社
地　　址：天津市西康路35号
邮　　编：300051
电　　话：（022）23332695
网　　址：www.tjkjcbs.com.cn
发　　行：未读（天津）文化传媒有限公司
印　　刷：北京雅图新世纪印刷科技有限公司

关注未读好书

客服咨询

开本 710 × 1000　　1/16　　印张13.75　　字数180 000
2023年1月第1版第1次印刷
定价：68.00元

献给为我们提供生命元素的地球

目录

引言

我们所居住的这颗星球与
我们之间奇妙而致命的关系

生命，曾经从我们这颗星球的原始成分中诞生，而你和我，都是这生命中的一部分。我们的身体由原子构成，同时它们也形成了宇宙。当我的孩子成长之时，他们的身体会由土壤、水、岩石以及空气中的元素构成。未来的某一时刻，我身体中的原子也将变成树木、冰川或花岗岩的一部分。

但我们人类拥有的，远远不只是自己的身体，我穿着的衣物、我居住的房屋，还有我用来给面包涂抹黄油的餐刀——它们和我的手指与脚趾一样重要。如果没有矿山与推土机帮我们生产化肥和食物，你也许压根儿就不会出生。

我们生命中的所有物品，还有构成它们的材料，都在我们共同开发的这个独特环境中发挥着作用——这是我们的文明。我喜欢文明。我喜欢住在温暖的房子里，也喜欢探索新的领地，我甚至难以想象生活在一个无法仅靠点击、触屏或滑动手指就能获取所有知识的世界，尽管书架上的百科全书还有邮箱中手写的书信陪我度过了童年。

每一天，都会有新的窗户、新的手机被制造出来，也有新生儿诞生。最让人难以置信的一点就是，这些事情居然都是可能实现的。但问题是：我们如何为所有人、物品还有食物找到基石？这些基石都由什么构成？还有，我们这颗星球上的基石会不会被用光，一切因此戛然而止？

如今有很多关于环境的讨论，特别是有关人类的消费如何影响了水、土壤与空气。我们讨论着物种消失的速度竟与6600万年前陨石导致恐龙突然灭绝的速度相同。我们讨论着海洋里怎么会有如此多的垃圾，以至于不久之后海里的塑料就会比鱼还多。最后，也是最重要的一点，我们担心一个事实，即发电厂和汽车中燃烧的石油与煤炭，实际上正在剧烈地改变着气候，以致在不久的未来，地球上的很多地方都将变得不再宜居。

关于环境恶化的话题很容易就会让我感到无能为力。在这个大大的世界中，我究竟是谁？物种灭绝是我的错吗？我给我的孩子们留下了怎样的世界？我是否能够做点儿事情，不仅仅让自己的良心不会痛，也能真正带领世界朝着更积极的方向演化? 我写下这本书,是希望我们能够谈论,我们不停地生产各种物品与食品,最终连我们自己也在稳步增长,是如何产生既奇妙又致命的后果的。只有当我们真的理解自己在谈论什么的时候,我们才能开始寻找解决方案,这也将对我们的后人产生实际的影响。

第一章

元素的七天创世史

　　元素的历史可以追溯到宇宙的诞生之时。它们的历史久远——相比于人类而言，实在是久得难以想象。为了简化这一点，我想我可以用《创世记》里的创世神话作为启发，讲述七天里元素世界的历史。

　　在这个故事中，我将每10亿年等同于半天，100万年相当于45秒，1000年则相当于0.44秒。宇宙诞生到现在已经过去了138亿年，但是在这个过程中，时间从星期一的午夜钟声敲响时开始。当你读到这一章的结尾时，午夜的钟声将再次敲响，星期天也将就此结束。

星期一：宇宙的诞生

　　宇宙洪荒，没有时间，也没有空间。一切的开始，无论是其方式还是其缘由，都很复杂——但我们知道，这一切开始于一场爆炸。这场爆炸被我们称为"宇宙大爆炸"，它将新生宇宙中的能量抛向了四面八方。在这混乱的开场以后，年轻的宇宙开始被我们如今对所处世界了解到的自然法则所统治。

　　就像我屋子里的灰尘会聚集灰尘球（只要给它足够的时间而已！）那样，宇宙中的能量最终还是开始聚集起来。这些能量团，或者说是能量的粒子，就形成了我们所说的质量，也就是有形的物质，它们构成了你在宇宙中有可能接触或感知到的一切。

　　我的身体、我的财产，还有我们赖以生存的这颗行星——毫无疑问，我们周围的一切事物都是由原子构成的。原子由三种类型的粒子组成：质子、中子和电子。质子和中子紧密地结合在原子核内，而原子核中质子的数量决定了原子属于何种元素。如果原子核被脱除一些质子，或者是接收了新的质子，那么这个原子就会变成一种新的元素。初始状态的原子具有相同数量的质子和电子，但电子在外边缘绕行，并且可以在不同原子之间进行交换，我们称这个过程为化学反应。

　　质子、中子和电子在构成年轻宇宙的炽热能量与质量汤中形成。质子和中子最后结合在一起，成为氢元素、氦元素及锂元素的原子核。这些最小也最轻的元素，分别在原子核内具有一个、两个和三个质子。如今，对于构成生命体的水和有机分子来说，氢元素都是其中的重要组成部分。例如，按质量来算，人体几乎10%都由氢元素组成。这样思考的话，你可以从技术的角度说，你直接源于宇宙的诞生！

自午夜开始的16秒后，宇宙冷却，以至于电子能够与原子核结合却不会立即分开。因此，光第一次有可能在宇宙中运动而不被热电子阻挡。午夜刚过，宇宙中就有了可见光——尽管那里并没有人能看到它。

在接下来的12个小时里，宇宙中的物质继续聚集在一起。巨大的原子云团出现了，在凌晨3点的钟声敲响之前，一组又一组的云团形成了最早的星系。其中一个星系将会成为银河系——那是我们的家。如今，银河系只是宇宙中超过

▲ 夜空中的银河

2000个星系之一。

到了早上6点，星系中的一些原子云已经团聚得很大，以致它们会因为自重而发生坍塌。第一批恒星便是这样产生的。在其中一颗恒星里——那是比我们今天太阳大得多的一团物质——它蕴含的氢原子会转化为你刚刚吸入的氧气。

在周围所有原子重量的挤压之下，这些氢原子因这巨大的力量而互相撞击。一开始，这会导致电子与原子核发生分离。随后，压力变得更加强烈，这又导致氢原子核融合在一起，从而形成新的氦原子核。这次聚变释放出惊人的能量，从而使原子云团升温，生成一颗明亮的恒星。如今，同样的过程仍然在我们的太阳中发生着：当你看向窗外时，肉眼所见的光线，就来自太阳内部的原子核聚变。

随着大部分氢原子核逐渐聚变为氦核，恒星内部释放出的能量也开始放缓。此时，恒星中心产生的能量已不足以承受周围物质的压力，于是它坍缩了。这就开启了恒星生命的新阶段。坍缩迫使氦原子核紧密结合，以至于它们在新的反应中又发生融合。每个氦原子含有两个质子，那么三个氦原子核就含有六个质子，六个质子融合后的原子核便成为碳的原子核。随后，碳原子核又与另一个氦原子核结合，从而形成含有八个质子的原子核，也就是氧原子核。当红细胞携带着氧原子进入你的大脑时，你就可以在其中找到氧原子核。

在恒星内部，原子核融合的过程仍在持续，质量越来越重的元素开始出现。你的身体有86%由碳、氮、氧构成，所有这些元素都在这一阶段形成。在地球上，由于压力实在太低，根本不可能组合出这些元素，因此我们可以肯定，我们身体中的这些结构组件实际上来自恒星。我们都是恒星生命——每一个人皆是如此！此外，我们血液中的铁、骨骼与DNA中的磷、我们手机中的铝，还有我们撒在食物上的盐（含有钠和氯），也都是在这一阶段产生的。

在这个长达一周的宇宙故事中，恒星的生命仅仅用了几分钟的时间，就以一场绚丽壮观的爆炸而终结，这也让它赢得了"超新星"的美名。在这场爆炸中，甚至形成了比铁都要重的元素——包括镍、铜和锌。你所住房屋中的电线，

▲ 超新星

就是由来自超新星的材料制成的。

这场爆炸的残骸——也就是在爆炸中没有被射向太空中的材料——发生坍缩并形成一颗中子星。在中子星中，所有的原子核都融合成一个相当于一座大城市（直径约为15千米）的重型物质团，而且从某种意义上说，它确实是一个巨大的原子核，尽管我们并不会称之为元素。我们的银河系中大约有10亿颗中子星，但是由于它们相比于其他恒星实在太小，温度也太低，所以很难被发现。

当我思考宇宙中有多大的空间而中子星又有多小的时候，我会感觉到接下来将会发生的事情几乎具有无限可能性。尽管如此，我们知道这样的事一定发生过。在宇宙诞生最初几天里的某个时间，两颗中子星发生了碰撞。这次碰撞产生了金、银、铂、铀，还有很多其他实在太重，以至于只能在这样的极端事

▲ 中子星

件中才会形成的元素。新生的元素被抛向太空，并与星系中的尘埃云和原子相混合。

这是元素如何在这七天创世的第一天中形成的过程。随着恒星的诞生与死亡、爆炸与碰撞，宇宙中的元素还在不断地被创造出来。然而，在我们的地球上，元素是相当恒定的。只有铀和其他一些重元素的不稳定原子核，有时候会通过放射性过程发生分裂，这样元素才会在我们的星球上被创造或被毁灭。即便是在实验室里，也几乎不可能重现恒星内部的过程。我们可以通过改变元素组合的方式，得到近乎无限的机会去创造材料，但是说回元素本身——我们就只能有什么用什么。

从星期二到星期四：恒星的生生死死

在接下来的三天里，宇宙继续沿着同样的轨道前行。总有恒星诞生，也总有恒星死去。超新星将压强波和物质云送入太空。由于氢和氦仍在恒星内部不断融合成新的元素，因此宇宙中氢和氦的总量稳步减少，而更重的元素总量则在增加。

星期五：我们的太阳系形成了

星期五下午4点，我们附近的一颗恒星死去了。来自超新星的压强波将尘埃和气体压缩成一团云，其中还包含着你刚刚吸入的氧原子。这引起了一个连锁反应，物质团的重量变得大到足以吸收周边区域的尘埃与气体，又变得更大也更重，继续从它们周围吸收更多的物质。仅仅45分钟后，这团云就变成了一颗恒星，它的轨道上还有几颗行星。这颗恒星就是我们的太阳——我们太阳系的中心。

所有行星都沿轨道围绕着一颗恒星运动。行星距离恒星越近，恒星内部核反应产生的辐射就会更强烈地对行星加热。在我们的太阳系中，距离太阳最近

▲ 太阳系的八大行星都沿轨道围绕着太阳运动（非实际比例）

的行星尤其炎热。如今，它们的表面温度超过了400摄氏度。另一方面，外围的行星则相当寒冷，太阳的照射都不能让它们的温度超过0摄氏度。距离太阳最远的行星是一个冰冻的世界，其温度低于零下185摄氏度。

但是对其中一颗行星而言，它与太阳之间的距离刚刚好。由于处在太阳周围的宜居地带，这颗行星的温度足够低，因而水不会沸腾；同时温度又足够高，因此并非所有的水都会结冰。正是这颗行星，未来将会成为我们的家园——地球。

不过在最开始的时候，地球是灼热的——实际上它呈现完全的液态。它也经常被大大小小的陨石击中。其中一些石头撞击地球时的力量巨大，竟在碰撞后抛出一些物质，它们聚在一起沿轨道绕着地球旋转，成为月球。

随着地球因外太空的寒意逐渐冷却，铁、金、铀等重元素沉入液态球体的中心。较轻的元素——包括硅和那些构成我们身体主要成分的碳、氧、氢、氮——则被留在了最外面的边缘地带，最终在地球外围形成了一个由硅质岩石

▲ 水滴降落到地表形成海洋

组成的固体外壳，并包裹着气态的大气层。

在最初的大气中，分子逐渐开始形成——两个氢原子连接在一个氧原子上形成原子组合——这便是水。到了傍晚的6点30分，温度已经低到足以使水分子聚集成水滴。当水滴变得足够大也足够重时，它们就会降落到地球表面，这是第一次形成温暖的海洋。

在这片海洋的深处，发生了一些不可思议的事情：碳、氢、氧互相连接，并与少量硫、氮、磷构成更大的分子。在某个时刻，这些分子的一部分通过将周围的元素以同样的方式连接，形成了一种可以实现自我复制的结构。这正是生命的基础。这些分子是在什么时刻从一个复杂的化学体系变成某种有生命特征的物体的？生命是在特定时间出现在特定的位置的，还是在经历了一系列漫长的尝试后，第一次散落到地球的？对此，研究者还没有获得明确的答案，但我们本身就是生命顺利延续的证据。

我们人类未曾因沉入地球中心的金属受益，况且地球中心实在是遥不可及。幸运的是，星期五晚上10点左右发生的一件事，将对我们如何发展我们的社会产生决定性的作用。在当晚余下的时间里，地球被陨石狂轰滥炸，科学家们也不知道这究竟是为什么。一种理论认为，这是较大的行星正在调整轨道，因而扰乱了太阳系中其他物质的运动。无论如何，这些陨石中的金属被抛在了地球表面，由于地壳此时已经变得较为坚固，因此这些金属没有下沉到地心。如今我们用它们制造汽车和叉子。

午夜前大约半个小时，地壳开始裂开并运动。然而，我们这颗星球上的地壳是由浮在地幔外围的板块构成的，地幔好比大量黏稠的岩石。当熔融的岩石从板块之间的裂缝出现时，地球表面的低温足以使其凝固并形成新的地壳。因此，当板块进行相对运动时，它们的形状也会不断变化。当两个不同板块上的大陆发生碰撞时，巨大的山脉便形成了——比如随着印度板块从南部持续挤压亚洲板块，直到如今，喜马拉雅山脉仍在不断生长。在许多地方，一个带有薄海床的板块会在另一个更厚的大陆地壳板块下方滑动。如今南美洲的太平洋沿

岸就出现了这种情况。在其他一些地方，板块会肩并肩地相互摩擦。如果被卡住，那么当它们重新开始滑动时，就可能会触发巨大强度的地震，压碎基岩，并在整个基岩上留下巨大的系统性裂缝。

地球板块之间的舞动被称为板块运动。在我们的太阳系中，地球是唯一拥有如此活跃地表的行星。为什么只有地球的地壳会"跳舞"呢？这一原因至今尚不清晰。但是如果没有这种舞动，地球也将会是一颗死气沉沉的行星。板块运动是地球的输送带，它驱动着所有让我们的星球变得如此令人兴奋的力量。借助于水和风，有些物质已经被输送到海里，并被深埋在海底数百万年，而这一运动却使得它们能够重见天日，从而完成地球的物质循环。它造成纵贯地壳的裂痕，流动的水可以将元素经由此处从深处向上输送。如今，这些裂缝的遗迹，就是我们开采黄金和其他金属的位置。

▲ 喜马拉雅山脉

星期六：生命启动了

陨石对地壳的轰炸一直持续到周六的零点45分左右。此后，地球上的情况平静了许多。到了早上5点30分，地球形成了自己的磁场——这是一个看不见的屏障，阻止了太阳中大部分高能且有害的粒子抵达地球。如果没有这种保护，我们将不得不生活在地下的洞穴中才能生存。

大约在磁场形成的同时，第一批单细胞生命也诞生了。

事实上，活的生命体不过是一些小型的机器，它们利用周围环境的能量制造自己的"副本"。当然，这些生命体还可以具备其他一些功能，比如记录周围所发生的事情、运动、或是相互交流。虽然我们的身体从所吃食物中获取了能量，但是研究人员确信，最早的生命体是从深海中的化合物中攫取它们所需的能量。在因板块运动而移开的区域，仍然存在着生活在彻底黑暗中的完整生态系统。在这里，富含矿物质的水通过海床上像烟囱一样的结构向上流动，而这些矿物的化学键中就蕴含着生命体可以从中获取的能量。

如今，地球上几乎所有的生命都从太阳中获取能量，要么直接通过光合作用，要么通过食用那些储存了太阳能的分子。在光合作用这个过程中，来自阳光的能量被用于将二氧化碳与水分解成碳、氢和氧。这些原子随后以新的组合方式重新结合，并形成富含能量的分子，也就是我们所知的糖（碳水化合物）、蛋白质和脂肪。光合作用很可能是在周六下午3点左右由海洋中的细菌发展而来。如今，它仍在被所有的绿色植物、树木和蓝藻（蓝细菌）应用。这些生命体中的所有物质都含有少量的太阳能。

当二氧化碳和水变成植物原料时，就会出现一个多余的氧原子。涉及光合作用的生命体会以氧气分子的形式释放这些氧原子，也就是由两个氧原子相互结合形成的分子。氧分子倾向于和其他化合物发生反应。我们对火很熟悉，而火不过就是氧气和碳或其他可燃物质发生的反应，并以热的形式释放能量。因此，无论是在海洋还是在大气中，如果氧气分子不是在特定时间以某种来源形成，我们都不可能找到它们。对我们生死攸关的氧气是通过光合作用不断生成

▶ 生锈的锚

的，但在地球最初的大气层中并没有氧气分子，并且最早的生命也不需要靠氧气生存。

在光合作用开始以前，海洋中还含有大量的可溶性铁，但现在已经不再如此了。在我们这个时代，铁一旦与水接触，很快就会形成粗糙的红色表面，很容易就发生分解。这种红色物质——铁锈——就是铁和氧之间出现了化学连接。只要空气和水中含有氧气，没有被保护的铁就会生锈。

周六下午大约3点到6点45分，海水中的铁开始生锈。最初这些光合作用所形成的全部氧气，都与铁发生反应，由此形成的铁锈沉入海底。最终，这些铁锈成为厚厚的红色带状岩石层。如今，我们采掘出这些红色岩石，在巨大的熔炉里脱除其中的氧，最后形成的金属铁被用来制造刀具和铁路轨道。

当大部分铁都成为铁锈后，氧分子开始在海洋中积聚。对于地球上大多数最早期的生命而言，氧气都是一种致命的毒药，因此光合作用导致了地球上有史以来最大规模的物种灭绝事件之一。然而，也有一些生命学会了利用氧气作为自身的优势，例如利用周围环境中的氧气，释放它们所食用生命体中蕴含的太阳能。通过这样做，它们不需要自己去进行光合作用就可以获得能量以运转它们自己的生命进程。

虽然无数种生命形式都因为有毒的氧气而消失，但学会利用氧气的生命却因此获得了巨大的优势。我们，就是这些生命体的后代。在阅读这段文字时，你移动视线并在大脑中将文字转化为信息需要能量，这些能量全都来自一种化学反应——氧气和糖在你身体的细胞中通过这一反应转化为二氧化碳和水。

随着海水中的氧气饱和，氧气便开始从海洋流入大气。这一变化在地球上引发了激烈的动荡。我们的星球不断地向外太空辐射热量，其表面的温度严重受制于大气中气体捕获热辐射量的多寡。这便是我们所说的温室效应。早期的大气层中富含甲烷，它会吸收大量的热辐射，使地球表面保持温暖。随着大气中的氧气开始分解甲烷，温室效应变得越来越弱，地球因此被推入了全球

▲ 任由高能量太阳射线抵达地球表面的后果不堪设想

大冰期。到周六晚上9点15分，海洋中形成的生物多样性大多已经因寒冷而被破坏。

　　在高空的大气中，来自太阳最高能量的光线照射到氧分子上，导致氧分子中的两个原子裂开。当单个氧原子与飞过的其他氧分子发生碰撞时，臭氧（含有三个氧原子的分子）便形成了。臭氧层实际上起到了捕捉器的作用，它捕获了太阳射线中能量最高的部分，如果任由这些射线抵达地球表面，那它们就会摧毁脆弱的有机分子。如今，臭氧层的存在让我们在开阔的室外行走成为可能，不会因此对眼睛和皮肤造成严重的损害。

　　一旦臭氧层准备就绪，生命体就有可能在水面附近生存，甚至有可能登上旱地。在这里，有更多的阳光可以被用于光合作用，有机物与氧气的产量急剧提升。干燥陆地上的首批生命形式，是覆盖在平坦荒芜土地上的藻类及细菌垫，这为我们地球表面形成一层肥沃的土壤奠定了基础。

星期日：生机勃勃的地球

周日凌晨3点20分左右，具有细胞核的生命体（这也是我们的起源）出现了。到这一天早上5点，单细胞生命体已经发展出非常紧密的合作关系，以至于它们不再被认为是孤立的个体，而是由多个细胞组成的生物。然而，我们知道，生命真正开始蓬勃发展尚需很长的时日。地球在3点15分到4点15分经历了一场新的全球大冰期之后，直到下午5点25分，才出现了特异化的动物与植物物种，它们在海洋中形成了复杂的生态系统。当地质学家研究这个时期石化的海床时，他们发现了各类物种的化石，比如头足类和类似于土鳖虫的三叶虫。

周日傍晚6点5分，第一批动物登岸，它们开始劳作，将藻类物质和石头转化成一层肥沃的土壤。这是第一批植物生根的位置，植物在6点31分开始这么做。由于植物的根附着在土壤和水中，后来还紧紧抓住树干，这就避免了让风吹走地面上的松散物质，干旱的土地因此不再平坦而贫瘠，而是变得更加多样化——出现了河流、山谷、沼泽和湖泊。

地球上的生命遭受了几次致命的打击——火山喷发、流星雨爆发，还有太阳活动的变化引发海洋温度、海平面以及海水含氧量的巨大变化。复杂生命首次繁衍物种后，其中有85%在下午6点36分出现的又一场全球大冰期中消失。此后，生命再一次复苏，但在晚上7点28分，三叶虫因为海底缺氧而窒息，与当时海洋中已知所有物种的80%一同消失。

迄今为止，规模最大的一次大灭绝发生在周日晚上8点56分，当时西伯利亚超强的火山喷发将大量的二氧化碳排放到大气中，最终导致了全球气温上升以及海洋酸化——而这也正是我们如今所熟知的难题。大灭绝后不久形成的化石，证实了这场灾难留下白地千里，陆地上没有了森林，海洋中也没了珊

▲ 超强的火山喷发会导致巨大的灾难

瑚礁。

然而，几分钟后，森林与海洋再次繁荣起来，越来越多的物种开始出现。在这一天晚上9点30分前，哺乳动物与恐龙均已出现。只不过，好日子并没有持续太久，9点34分，这一切就终结了。新的全球变暖事件，消灭了地球上至少四分之三的物种。哺乳动物和恐龙都在幸存者之列，或许正是竞争对手的这一次灭绝，给了恐龙成为下一个地球统治者的机会。而当恐龙也不得不在晚上11点12分退出历史舞台时，地球上的气候很可能已经如此持续了很长一段时间，以至于当巨大的陨石撞击到如今的墨西哥时，它只不过是给很多地球物种钉上棺材板上的最后一颗钉子而已。

被恐龙吃掉的风险不复存在时，哺乳动物便可以利用各式各样的生态位扩散。一开始，气候比今天更温暖，然而到了11点25分，气温开始下降。18分钟后，地球上很多郁郁葱葱的茂密丛林被草原所取代。正是这些不同种类的草，为接近午夜时出现的人类农业奠定了基础。在这个时间点，我们已经开始接近属于人类的时代。一些哺乳动物已经演化成我们所知的猿类，到了晚上11点45分时，人超科——大猩猩、黑猩猩与人类所属的分支——开始从其他猿类中分化出来。

人类在午夜前的5分钟将自己从人超科中独立出来——所以现在有了我们。从我们的祖先使用第一块石器工具打破动物骨骼以获取营养丰富的骨髓算起，只剩下最后2分钟了。

午夜前的1分20秒，地球变得相当寒冷，这颗行星进入了冰河期与间冰期的循环，并一直延续到我们这个时代。因此，对早期人类而言，学会掌握用火的技能至关重要。然而，似乎直到午夜前的13秒左右，人们才开始在日常生活中使用火堆。

火让人类保持温暖，保护他们免遭捕食者的毒手，并让他们在日落以后仍然可以看到彼此以及周遭环境。通过在火上烹饪食物，人们可以利用储存在木头中的太阳能帮助分解食物，不再需要靠自己的下颌与消化系统来完成所有的工作。这释放了人类的时间与精力，使其能够用于其

▲ 五种猿类，约翰·斯科特的蚀刻版画，约1808年

他活动，这可能对提高我们思考与交流的能力非常重要。

我们这个物种——智人（Homo sapiens），于午夜降临的9秒前发迹于非洲。很长一段时间以来，我们不过是数个人类物种中的一个。我们也知道尼安德特人，他们在智人出现以前生活在欧洲和中东。尼安德特人和我们这个物种并肩生存，直到午夜降临的1秒半前，他们被我们的祖先击败或直接消灭。智人在最后半秒钟，才成为地球上唯一的人类物种。

随着午夜前最后一秒的临近，智人发展出语言，并凭借语言形成了相互诉说故事的能力，规划未来，并在不同种族之间进行贸易往来。在制作弓箭、针线、鱼钩、船以及油灯等新技术的帮助下，他们从非洲迈出第一步，逐渐占领了世界上的其他地区。

▲ 尼安德特人复原画

第一批人类以游牧部落形式生活。每个部落的成员不仅会一起打猎，采集野生的可食用植物，还会照料那些不能为部落做贡献的老弱病残。随着我们大踏步地接近午夜，我们现代人对社会的认识也越来越深入了。

午夜前的半秒钟：文明时代

在不到1秒钟的时段里，很难获得恰当的感觉，因此我们准备在这里调整比例。我们不妨将宇宙历史的最后半秒视为我们如今刚刚抵达终点的一场500米赛跑。跑道的每一米都相当于千分之一秒，或者说是真实世界的23年。如果我们将这个尺度应用到整个宇宙的历史中，那么这个距离将会超过60万千米——或者说相当于地球与月亮之间几乎来回的距离。我们的500米短跑始于11500年前，那时的人类第一次开始在固定的地方长时间生活。

当人类从游牧生活过渡到定居生活时，他们第一次能够拥有比带到下一个定居点更多的物品。如此一来，发展出针对每一种目的都尽可能有效的专业化工具，就变得更加重要。人们也会因此变得更加职业化，某些人可以将时间花费在他们擅长的事情上，不再需要每一个人都为同一件事去劳作。这对整个部落而言或许很有用，因为有些人致力于制作衣服或工具，其他人则负责狩猎或采集植物。

农业可能是人类定居在一个地方之后的副产品：采集者带着他们最青睐的植物回到部落。采集以及烹饪时产生的废弃物中会包含这些植物的种子，于是它们在定居点附近获得了良好的发芽条件，而定居者则更容易收获这些植物。由于人类主要收获最让自己满意的样本——例如将最大的种子收集为样本，这

▲ 村民让牛通过踩踏的方式使谷物脱粒。理查德·比维斯，1881年

些物种就会逐渐演变并成为第一批农业作物。随着时间的推移，人类发现，可以通过清理土地、浇水以及犁地来提升定居点附近的作物。在距离终点还有350米时，人类已经成为农民。

农业为人类提供了稳定而可预测的食物来源，这使得人口得以增长。然而，其中也有些不足。耕作是一项困难的工作，往往还很单调，因此农民的空闲时间可能比他们游牧生活的祖先更少。他们的饮食也更为单一，这可能会导致营养不良，而当作物歉收时他们就将面临饥荒。

可想而知，人类在开始耕作以前，生活更加健康，甚至也更快乐。然而，对土地的耕种，最终为我们所说的文明奠定了基础。种植并储存食物，使得一个更等级化也更专业化的社会组织成为可能，也更有必要。距离终点线还有200米时，人类组织起第一个王国，并发展出书写语言、货币以及宗教。通过驯养牛和马，人们拥有了新的体力来源，从而能够耕作更大面积的土地以养活更多的人。在家畜的帮助下，他们还可以在更短的时间里穿越更长的距离，这让他们能够比过去更有效地进行商品贸易与知识传播。

在这些专业化的社群中，人类开发出采矿并利用金属所需的先进技术。人类在终点前的200米发展出青铜，并在140米处发展出铁；在距离终点88米（大约是在公元元年前后）时，钢开始进入生产。到了距离终点22米时，人类经历了一场被称为科学革命的过程，这让用于理解自然法则的全新系统方法发展完成。

到目前为止，所有人类活动都是由每天抵达地球的阳光以某种方式驱动的。储存在植物材料中的太阳能，通过焚烧产生热量，或是被动物及人类吃掉后被用作肌肉所需的能量。此外，磨坊靠水力驱动是利用太阳将水从海面提升到更高海拔时蓄积的能量。帆船的动力来自风，这也是由太阳照射地球时产生的温差形成的。

距离终点还有11米时，人类开始积极地开发化石能源——也就是储存在地下长达数百万年的太阳能。当日常的太阳照射开始由煤炭补充，随后又由石油与天然气补充后，几乎任何类型的工业都可以运转，而不再存在因周边地区砍伐森林造成燃料耗尽的风险。工业革命改变了人类的世界。

在距离终点3米时，抗生素的发展为我们提供了一个医疗体系，它可以治疗疾病，于是在这样一个社会中，儿童夭折不再被视为理所当然的事情，分娩也不会总是危及孕妇的生命。

在终点前2米，人类进入外太空遨游。

然后午夜钟声敲响——我们回到现在。我们生活在这样一个世界里，前方密布着无数种可能性，凭借独一无二的能力，我们似乎能够克服面临的任何问题。

人类与未来

当人类最初开始从游牧生活转向定居的生活方式时，地球上的人口并不多——甚至可能总共也就几百万人。在向农业社会过渡时，这一数字上升到1000万。自此之后，人口继续稳步攀升。当人类开始使用铜和铁的时候，人口已经增长了10倍，达到了1亿。在那之后，地球人口又翻倍了好几次。公元1年前，人口达到了2亿。在13世纪时，挪威建造了木构教堂，而此时全球人口达到4亿。18世纪末发生了工业革命，人口随即达到了整整8亿。到19世纪末，人口再次翻倍，达到了16亿；等到了20世纪60年代，已经超过32亿；并且在2005年时，又达到了64亿。如果人口继续以如今的幅度增长，那么到2068年时，人口就将再次翻倍，达到128亿。然而，目前的趋势表明，在达到110亿时，人口要么会稳定，要么会开始下降。在我写下这些文字时，世界人口已经超过了77亿。

在接下来的又一个千年里，我们还将跨过40米。在更为宏大的叙事主题中，这一千年显得微不足道，但还是比我们规划的未来更久远。随着地球人口的增加，我们也耗用了越来越多的地球资源。我们是否能够一直拥有足够多的元素来养活自己，并制造我们所需要的所有物品？我们是否有足够的能量

地球资源随着地球人口的增加而减少

从地壳中提取元素？一千年后的人们是否能够回顾我们迄今为止获得的惊人成就？

　　人类提取和使用金属的能力，在地球上的所有动物中是独一无二的，而这一切都起始于黄金。人类的故事中，把黄金和权力、财富以及冒险联系在一起，而这些故事本身就是构成我们文明最重要的基石。所以，我们就从黄金开始。

第二章

闪光的不都是金子

我戴金戒指已经有十多年了。每一个看到它的人都明白其背后的含义,公认结婚戒指是爱情与承诺的象征。

在我和丈夫交换戒指的数年前,我们俩花了一个夏天的时间坐火车环游欧洲。我们坐上夜班火车从哥本哈根出发,然后向东经过德国、捷克、斯洛伐克以及匈牙利,直到罗马尼亚。在那里,我们前往名为特兰西瓦尼亚(Transylvania)的地区,而在此前,我们只知道这里是德古拉的家[①]。

特兰西瓦尼亚就如同另一个世界。我们没有发现任何吸血鬼,但我们确实看到公园的管理员在公共汽车上手握镰刀。一路上,马和马车就像汽车一样常见。贫穷与破落的区域和褪色的历史建筑相拥而立,诉说着一段辉煌的过往,但我对它一无所知。

如果我事先阅读过有关这片区域的文字,那我就会知道特兰西瓦尼亚的财富,实则是建立在黄金之上。随后,我就可以参观欧洲已知最大的金矿所在地:罗西亚蒙大拿(Roşia Montană)古城,如今它正处于被自身采矿废料掩埋的危险之中。来自地球的财富永远都不会毫无代价。

地壳如何帮了我们一个忙?

1200万年前的特兰西瓦尼亚,遍地都是活火山。炽热的熔岩向上穿过地壳后,又冲破地表,形成火山灰与熔岩流。在地表深处,基岩被岩浆加热,于是被困在岩石晶体中的水开始释放。所有这些水分都开始沿着固体岩石向上渗透——开始还是微小的水滴,后来就汇成了小溪流,顺着地壳上已经被岩浆开凿出来的岩石缝和排放口缓慢流淌。

不过,逃逸出来的并不只是水,水流经过的岩石中还含有微量的黄金。通常来说,水对黄金没有任何影响。例如,沉没的海盗船上,金条可以熠熠发光长达数百年。然而,在这些极端的环境中,水的温度高达数百度,其中含有大

---

① 德古拉(Dracula),小说《德古拉》中的吸血鬼形象。——译者注(本书中脚注均为译者注)

▲ 熔岩冲破地表

量的氯和硫，即便是很有韧性的黄金也不得不屈服。这些金原子一个接一个地附着在硫原子上，然后和水一同向上移动。

当水向上流动时，压力也降了下来。这就好比当蒸汽从压力锅打开的阀门喷出时，气流沿途某个位置的压力会变得非常低，以至于水都开始沸腾。紧接着，硫原子会"释放"金原子，自身与水蒸气相结合。这些被遗弃的金原子相互碰撞，留下了一层层闪亮的金属。经过数千年乃至数百万年的时间，罗马尼亚的火山下出现了一个大型的黄金矿床。

直到某天，火山活动停止了，地壳冷却。数百万年后，岩石表面因天气、水和风而被磨平，山谷、丘陵以及山脉开始形成并发生变化。

再然后，人类就出现了。

第一桶金

这件事或许发生在一万年前：在一个温暖阳光徜徉的日子里，一个孩子在小河中玩耍。突然，她看到阳光照耀在河床上，一块特殊的岩石上闪闪发光。于是她捡了起来，对于石头的重量感到大为惊奇。当她拿着这块石头敲打另一块时，更让她吃惊的是，这个闪亮的新玩具上出现了一处痕迹。这块石头和她之前玩过的任何东西都不一样。

小女孩发现之后，没过多久，其他孩子也在河床上找到几个金块。开始研究这种新材料的成年人发现，他们可以用锤子将其锤成薄层，或是加工成复杂的形状。这些精致的物品很快就引起了他们邻居的兴趣，并渴望用其他商品与之交换。随着越来越多的人盯上了黄金，他们也发现了越来越多可以沿着河床捡到黄金的地方。这可能就是金属如何成为人类生活一部分的过程。

沙里淘金

不管这个故事是如何开始的，研究人员确信，黄金是人类开采并利用的第一种金属。虽然黄金很稀有，但是相比于其他金属，它非常容易被发现并利用，这主要是因为它在自然界中以其金属的形式存在。

和其他所有元素一样，金的原子核中含有特定数量的质子。质子数量决定了元素的特性，控制了元素与其原子核外激奋绕行的电子之间的关系。任何化学反应都涉及原子间某种形式的电子交换。有些元素迫切想要甩脱一个或多个电子，而其他一些元素则不断地寻找可以从别的元素那里借来的额外电子。然而，金原子对其自身相当满意，因此它会和其他金原子一起生长，并倾向于形成纯金属。这也意味着黄金很少会参与化学反应：对于我们身体的机能而言，黄金并不是很有吸引力。我们用黄金装饰自己，但是我们在身体中发现的黄金，却只是误打误撞进入体内的微小颗粒。

▲ 金矿开采：用水冲刷土壤，1883 年

　　由于黄金在自然界中以金属形式存在，所以人们可以直接从地上将它捡起——或者更常见的情况下，是从河底将它捡起。当含有黄金矿脉的岩石被分解时，黄金就会进入河床。这会使得金块出现松动，并与其他岩石和沙子一同被带入河流之中。顺便说一句，谈论黄金时用"块"实际上是不正确的。尽管有时候的确会出现大块黄金，但河流与山脉之中的大部分黄金都是与其他石头

混在一起的微小颗粒。由于黄金很重，所以在重力的帮助之下就可以将黄金颗粒从沙子中分离出来——利用一个平底锅和正确的工艺即可。这也许就是第一次大规模开采黄金的方式，可能距离罗西亚蒙大拿还不会太远。早在我们这个时代的5000年前，大自然从罗西亚蒙大拿的沉积物中冲刷出来的黄金，可能就已经被一种有组织的形式开采出来了。

根据希腊神话，英雄伊阿宋应对其叔叔珀利阿斯提出的挑战——后者从伊阿宋的父亲那里窃取了王位——要从遥远的土地将金羊毛带回家。如果伊阿宋能够带回宝藏，那么他就能够继承王位。这段旅程将伊阿宋带到了黑海边的一片区域，在那里打败守护金羊毛的龙后，他寻得了宝藏。有很多解释都说到了金羊毛在这个故事中的象征意义是王权，也有说法认为是象征了对牧羊业的推进。然而，研究人员最近意识到，它可能就是字面意义，一块金色羊皮。研究结果发现，早在3000多年前，无论是在埃及还是黑海周边地区，羊皮都被用于从岩石沙子中分离出微小的黄金颗粒。黄金颗粒的表面不同于石头中大多数其他矿物的表面，黄金会附着在某些特定的物质上，例如羊毛上的防水层。因此，通过将水和沙子的混合物流过羊皮，金沙吸附在阻挡水流的羊毛上，这样就可以收集黄金了。这种方法可能已经使用了很长时间，但是随着罗马帝国的衰落而被人遗忘。

如今，能在河流沙子中找到黄金的地方已经不多了。其中很大一部分都已经被寻求财富的人们收集。当我们发现所有自然存在的黄金都已经被开采出来后，我们将不得不直奔源头——含金岩石。

罗西亚蒙大拿的金矿

在我开始学习地质学以前，我对金矿开采的大多数知识都来自漫画，这让我以为黄金是从纯金属矿脉中松动脱落而得的。不幸的是，事实并非如此。当一块石头含有足够多的金属从而具有开采价值时，它会被称为矿石。金矿石中通常含有大量白色或透明的矿物石英，通体分散着微小的金的颗粒。如果风和

▲ 各种铁制工具

气候没能把岩石磨碎，那就需要靠人类自己去粉碎矿石以获取黄金。这是一项艰巨的任务，因为构成岩石的原子都以异常强力的化学键相连。直到人们开发出合适的铁制工具，他们才真正能够开始从坚硬的岩石中提取出黄金。

特兰西瓦尼亚的第一批淘金者使用点火法来让工作变得更容易。这项工艺包括在岩石的侧面点火，一直焚烧直到岩石变得灼热。石头在受热后发生膨胀，其中的矿物质会向不同的方向膨胀。这在岩石上形成了一个个大小不一的裂缝网络，从而使得石头更容易发生松动。在罗马人入侵以前，居住在特兰西瓦尼亚的达契亚人可能就已经使用了点火法。直到19世纪末，挪威的矿场中还有人使用这种点火法。然而，尽管点火法是一种很有用的工艺，但它也有一些缺点。首先，单一的火堆只能让你深入不超过几英寸（1英寸约为2.54厘米）的岩石。因此，开矿就需要大量的木材，这给该地区的森林带来了巨大的压力。而且这些火堆还会让深矿井中的工人呼吸困难。

　　罗马人是古代的采矿大师。达契亚人可能会招募罗马的工程师，以帮助他们在特兰西瓦尼亚构建采矿流程。然而，结果可能得不偿失，因为这最终吸引了罗马人的视线，让他们注意到了特兰西瓦尼亚丰富的矿床——并在公元106年征服了达契亚王国。历史学家认为，这些矿场在罗马人入侵以前就已经在运营，其中一个原因是罗马人从达契亚人手中掠夺了大量黄金——多达165吨。

　　达契亚人似乎不太可能仅仅依靠在河里淘金的方法提取这里所有的黄金。罗马人在入侵以后，建立了后来被称作罗西亚蒙大拿的阿尔伯纳斯马约市，并派遣了他们最优秀的采矿专家，随同前往的还有数千名工程人员与奴隶。短短50年间，他们就建立起了罗马帝国最大的采矿综合体之一。

　　阿尔伯纳斯马约的黄金最终成为罗马惊人的财富来源，并为罗马的大规模扩张提供了资金。然而，这仍然不足以阻止罗马帝国的灭亡，并且罗马人早在公元271年就离开了这一地区。截至当时，他们已经成功地在山里修建了数英里（1英里约为1.61千米）长的隧道，其中约4英里至今仍在。随着罗马帝国的衰落，罗马人高度发展的采矿技艺大部分也失传了，尽管罗西亚蒙大拿的采矿作业仍然以更简单的形式延续着。

　　直到18世纪末，罗西亚蒙大拿的采矿作业才取得了重要进展。哈布斯堡家族长期以来掌控着特兰西瓦尼亚，他们开发出水力粉碎机，由山上远处的人工大坝提供能源。此前，矿工们不得不或多或少地借助于人力方法将岩石破碎，使其松散成沙子，但是随着数百座粉碎机的新建，罗西亚蒙大拿的金矿再一次成为巨大财富的来源，这项活动也帮助城市兴旺繁荣。矿工来自哈布斯堡帝国的各个地区，教堂、酒吧、银行与赌场也随之建立——其中一些至今仍然存在。

　　1867年，哈布斯堡帝国成为奥匈帝国，而在第一次世界大战之后，奥匈帝国解体。特兰西瓦尼亚成为罗马尼亚的一部分，矿场也为私人所有。直到1948年，所有工业都被国有化，其中也包括罗西亚蒙大拿的金矿。

在地表开矿

经过数千年日益集中的开采，罗西亚蒙大拿地下岩石中最丰富的金矿几近枯竭。与所有的采矿操作一样，最容易获取的总是会被优先采掘。罗马隧道沿着黄金最集中的矿脉延伸。随着矿场运来的每一块石头中，黄金越来越少而石英却越来越多，开采黄金的成本也变得越来越高。当这座山体中布满近145千米的通道时，在这里采矿就不再有利可图——这也是为什么20世纪70年代，从地下采矿模式转向露天矿场（采石场）。

露天采矿不再是将隧道挖向地下或山体内部，而是将你感兴趣的矿石上覆盖的所有物质直接清除。然后，你就会进入一个巨大的坑内开始工作。大型与重型机械的发展——更别提还有更为精确的优质炸药了——使其成为很多矿床上一条经济可行的解决方案。尽管相比于地下矿场，在采石场你不得不运送更大量的岩石，但是如果可以将岩石装载到大型卡车上，那么运输本身就要比在深矿井中将岩石运出来更便宜，也更容易。因为在深井中，你还需要担心其稳定性、通风与排水功能。

如今，社会比几十年前更加关注降低采矿对环境的影响。现在的采石场，通常是从运送那些有必要被移除的表层土直至合适的储存位置开始的。随后，

▲ 现代露天矿场

采矿公司往往也必须移除一部分不含矿石的岩石。这些岩石也被储存于某个地方，这样当采石场的一部分作业完成后，还可以用这些岩石与土壤再次回填。随着时间的推移，新的植被也将尽最大可能地遮掩住这一地带裂开的伤口。

有毒的记忆

然而，采石场开采后留下的矿坑，并非采矿作业在景观中留下的唯一痕迹。黄金仍然需要从尾矿（剩余的矿渣）中被分离出来，要做到这一点，黄金矿石就必须被粉碎，并与水混合。随后，很久以前的相同原理派上了用场：用平底锅和羊皮淋洗，尽管现在的规模要大得多。矿石渣和水的混合物，首先被倒入一个专门用于收集最重的黄金颗粒斜槽。随后，大型机械被用来混合肥皂状的添加剂，并在鼓入空气的同时进行剧烈搅拌，使混合物产生泡沫。就像金粉会沾在羊毛上那样，它也会附着在肥皂泡上。这些金粉可以从浮悬池的表面撇去，而那些没什么价值的矿物质则留在水中，以污泥的形式沉到底部。

这些污泥不能被用在任何地方，但它实在是很占空间。在挪威和其他一些地方，这种类型的污泥会被沉积到峡湾（fjord，后面还会继续讲到）的水下。通常情况下，矿业公司会在山谷口建造一座大坝，于是这片山谷就可以被用作一种"污泥池"。就在罗西亚蒙大拿不远处的吉亚马纳村，当州政府决定将该村庄所处山谷用作罗西亚蒙大拿的铜矿废物处理场时，四百个家庭被迫背井离乡。如今，这个曾经郁郁葱葱的山谷已经变成一片泥泞的荒原，寸草不生，只剩下锈红与铜绿的斑块，宛如外星人绘制的图案。这座村庄存在过的唯一标志，就是吉亚马纳教堂的屋顶与尖塔，它们依然从这片荒原上的污泥中冒了出来。

石头自身很少有毒，但大量粉碎后的石渣还是会造成严重的环境问题。大多数岩石都含有能与水发生反应的矿物质。这些反应在完整的岩石中进行得十分缓慢，因为矿物质结合得非常紧密，水根本无法渗入。然而，当石头被粉碎以后，水就可以触及每个角落。雨水或地下水几乎不可避免地会通过矿场的垃圾堆深处，而当水从这些废物填埋场流出时，就会与这些石粉发生反应并吸收

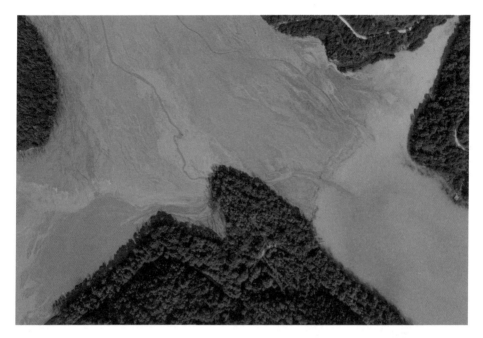

▲ 吉亚马纳废湖

其中的重金属，从而破坏下游的生态系统。从人类的视角来看，这个过程将会永远持续下去。历史上最早的矿场至今仍在产生污染，破坏着周围的生态环境。

从石头到金属

从污泥与尾矿中分离而来的金块与金粉仍然不够纯净，不能用于制作黄金首饰。在黄金被转化成金条并在国际市场上销售前，首先必须将它与其寄生的岩石粉末分离。在过去，汞就经常被用于这一目的。汞是一种有毒的金属，在室温下呈液态，具有溶解黄金的独特能力。在汞和金矿粉的混合物中，形成汞和金的混合物，其余所有杂质都被富集到液态金属的表面——这样它们就可以被刮除。最终，通过对金属混合物加热直至汞被蒸馏后，就可以将黄金从汞中分离。

如今，大多数矿业公司都已经转而利用一种更安全但仍然有毒的物质——

氰化物。氰化物是一种含有碳和氮的化合物，自然界的很多地方（如樱桃核）都可以找到它，少量的氰化物可以迅速分解成其他无害的物质。对我们大多数人而言，氰化物最广为人知的一点，莫过于它是氢氰酸中的成分，而氢氰酸在第二次世界大战期间曾被用在纳粹的毒气室。当金矿石粉与含有氰化物的水混合时，金就会溶解。随后再加入其他化合物，使其余的矿粉团聚在一起并沉入水底。最后，水与精制的锌粉混合，以吸收其中的氰化物。接下来，金原子可以找到它们还原的路径，成为纯金的金属颗粒。

氰化物也可以直接用于从未分选的粉碎金矿石中提取黄金。这样做有着巨大的优势，因为可以避免使用能量去粉碎石头。因此，这一方法就导致，即便是在很小的浓度下提取黄金也会有利可图。将矿石以大土堆的形式堆在一层

▲ 多瑙河

致密的塑料或黏土之上。在这土堆的顶部，构造出管道网络，管道上布满小孔——然后开始用含有氰化物的水浸透土堆。这些水渗过土堆后流入一汪巨大的收集池中。从空中俯瞰，这些池子就仿佛是一块块可爱的绿松石，而且可以猜到的是，总有一张网会横贯在池子上方，避免鸟类因误落在有毒的水中而死去。

2000年，罗马尼亚遭受了切尔诺贝利事故以后欧洲最大的一次环境灾难。靠近匈牙利边境的拜亚马尔黄金开采项目中，扼守含氰化物污水的大坝垮塌了。这些污水流入索梅什河，而这条河又流入匈牙利的第二大河蒂萨河，并最终汇入多瑙河。这一事故污染了数百万人的饮用水，并且摧毁部分流域几乎所有的生命形式——谢天谢地，几乎没有人因此而死亡。一项公开的调查显示，没有公司对此事负责。然而，尽管发生了如此惊人的事故与污染案例，氰化物仍然被认为是一种相对安全的可以用于提取黄金的物质，并且目前全世界超过500个金矿中，90%以上都在使用氰化物法。

从一吨石头提炼一枚金戒指

尽管已经开采了近1700吨黄金，藏在罗西亚蒙大拿地下岩石中的黄金仍然超过300吨。然而，仅仅知道一个矿床中的黄金总量，并不足以决定它是否值得开采。同样重要的还有黄金的品质。所谓的品质，指的是为了获取黄金需要挖掘并加工多少石头。当矿场建立以后，矿业公司首先会在矿石中金属品位最高的区域开采，因为这是最赚钱的地方。此后，采矿作业会转向品质越来越低的矿石，直到它不再具有经济效益。从罗西亚蒙大拿开采出来的下一批100吨黄金，将会比最初的100吨面临更大的挑战。

不妨以我自己的结婚戒指为例。它很光滑，只有2毫米宽，重5克，由14K（carat，源于法语，原写作karat，故简写为K，karat目前为钻石的质量单位"克拉"）的黄金打造而成。K是一种历史计量单位，如果你将戒指中的所有金属彼此分开，并摆放成等重的24堆，那么K的数值可以告诉你，其中有多少堆是黄

▲ 戒指大多用金、铜、银打造

金的。由于纯金太软，不适合做成功能性饰品，因此结婚戒指通常用的是14K（58%）金。换句话说，我手上戴着大约3克黄金，而戒指的剩余部分则由铜与银构成。

如今，全世界开采的金矿中，黄金的平均浓度为每吨石头含1到3克黄金。所以，如果我这枚戒指中的黄金是新近开采的，那就意味着它取自整整一吨的石头。这相当于你和两位好朋友可以一起坐上去的大石头：大约0.5米宽、0.5米高、1.2米长。为了制作我的戒指，这块巨石必须被炸开、粉碎、研磨、加工、输送，然后再被倒入垃圾坑。另一方面，150年前，金矿中的黄金浓度还在20到30克，因此同样大小的石头能提供的黄金足以制造10枚结婚戒指，而非一枚。

每提取1克黄金需要加工的石头越多，那么开采所需的能量、化学物质以及存放空间就越多——这就意味着需要花费更多的资金。尽管罗西亚蒙大拿仍然是欧洲最大的（已发现）金矿床，但是经过2000多年的开采，经济衰退还是迫使罗西亚蒙大拿的采矿作业在2006年终止。

罗西亚蒙大拿的归宿

如今，一场关于罗西亚蒙大拿的斗争还在进行之中，这是国际矿业公司与国家环境利益之间的斗争。然而，想要获得新工作或是参与和新采矿相关活动的居民，与那些在现今环境中更愿意继续务农或是从事旅游业的居民之间，也存在着一种冲突。

为了从岩石中提取剩余的黄金，一个开建4座新采石场的项目被提上日程，以氰化物提取法作为操作工艺。这项提议的新颖之处在于，为了获取最后残余的一点黄金，罗西亚蒙大拿这座城市必须被掩埋。这座以黄金为基础的城市，可能最终会被数百年来帮助其欣欣向荣的活动与资源所摧毁。罗马矿场的遗迹（尚未被破坏）也将被清理。当地的反对者正在努力将罗西亚蒙大拿列入联合国教科文组织的世界遗产名录。

如果该项目获准，那么氰化物法提纯过程中产生的2.5亿吨废弃物将被倾倒在山谷中。4座教堂将会因此被掩埋，还有6座墓地也将被清除，而矿业公司已经开始赔偿那些希望将过世亲人从坟中挖掘出来的人——这样他们就可以将遗骸埋葬到其他地方。

这家矿业公司还辩称，他们正在关注环境问题，并将投入大量资源以清除昔日采矿时代遗留下来的污染。

黄金与文明

黄金重要吗？值得为之毁灭这一切吗？

黄金是地壳中丰度最低的元素之一，但在世界上大多数地区的可开采矿床上还是可以发现它的身影。由于其颜色及重量都很容易识别，因此很难用其他材料替代黄金实施欺骗。黄金制成的器具，也可以在几个世纪内保持光泽。这些性质使得黄金成为一种卓越的支付手段，而且也是财富的象征。作为一种被普遍接受的货币，黄金对于国家之间的贸易以及我们所知的文明发展都至关重要。

在政治或经济不稳定的国家，以黄金的形式持有一部分资产似乎还是最安全的方式。直到我和来自中东的朋友说起这一点——他们告诉我用黄金作为结婚礼物或其他特殊场合的礼品有多么重要——我才意识到了一些传统，洗礼所用的金饰品和银器并不仅仅源于它们的魅力。黄金还提供了金融保障。

2016年发生的两件世界大事——英国公投退出欧盟，以及唐纳德·特朗普将成为美国第45任总统的事实逐渐清晰——黄金的价格也一路飙升。因此，尽管2016年美国黄金产品的产量与前一年大致相同，但是由于其中较多的一部分金条与金币被情绪紧张的投资者购买，首饰就因为黄金价格增高而减少了生产与销售。

▲ 电路板大多含有黄金

如今，用来生产新物品的黄金，大多数仍然流向了饰品和金币行业，但也有超过三分之一用于电子产品。黄金是一种优异的导体，而且由于它不会生锈，也不会形成可能妨碍导电性的表面涂层（在与其他大多数金属结合时都是如此）。因此，它在电子电路领域非常紧俏。黄金还可以用在纳米级的玻璃薄层，以控制光从其表面反射的方式。在许多情况下，先进的光传输技术可以取代迄今为止电的作用，例如我们在家庭互联网中从铜线过渡到光纤网络的过程。我们所有的手机和电脑中也都含有黄金。

消失的黄金

正因为我们如此珍视黄金，它或许也是我们对全世界矿床存量估计最准确的元素。如今，很少有人相信未来还会发现更多的大型金矿。据估计，可以从地壳矿床中开采的黄金总量大约是33.3万吨。其中，我们已经开采了18.7万吨，并制成饰品、金币以及其他物品。这也就意味着，还剩大约14.6万吨的黄金可供开采，人类作为黄金矿工的历史已经过去了一多半。与罗西亚蒙大拿矿区的情况一样，新近开采的黄金都比刚开始时更难获取。我们最初可以从河里捞出大块的黄金。后来我们将闪闪发光的金矿石打碎。为了获取最后一吨黄金，我们将来不得不以更彻底的程度对存有黄金的岩石进行发掘。

根据银行金库、货仓以及饰品盒中所有黄金的详细清单，人类以某种形式拥有的黄金总量大约为18.1万吨。相比于历史上开采的总量，有6000吨黄金不翼而飞。那么这部分黄金发生了什么事？

虽然听起来不可思议，但是根据估计，海底的沉船中还躺着数百吨的黄金。此外，墓地中还埋有一千吨的黄金，其中包括亡者的金牙和饰品。或许在未来，盗墓会成为可怕的黄金来源。

数千吨的黄金在以废弃电子设备与机械形式存在的垃圾中被发现。电子元器件中的金与很多其他物质混合。因此，回收并不像收集黄金再重新铸造那么简单。随着电子废弃物中黄金含量的增加，同时从地质矿床中开采黄金的代价也变得更大，越来越多的黄金开采将不得不来自人类。如今，这被称作"城市矿山"。正如从尾矿中分离出黄金的复杂方法会随着时间的推移而不断发展，研究人员现如今也在开发最适宜的化学与机械工艺，以便从手机中的塑料以及其他金属中分离出黄金。

2016年，全球的矿场一共开采了3100吨黄金。以如今的开采速度计算，这些矿场将在不到50年的时间被开采殆尽。我们猜想，一千年后所有可获取的黄金都将从岩石与石头中迁移到技术圈，这就是我们所说的一切都由人类创造并使用。

海底沉船和墓地牙齿中的黄金也可以被收集再利用。目前，人类真正失去的黄金大约为一千吨。这类黄金作为表面涂层被应用在各种物体上——例如镀金的家具与相框——并随着时间的流逝而磨损。在电子产品最终被丢弃后，其中一部分黄金也可能会成为这一类。这些黄金都消失了。它们化作尘埃，或随风飘散，或顺水逐流。它的宿命将会是在海底，与河流冲走的其他各种物质一同成为海底沉积物的一部分。再过数百万年，它将变成石头。再以后——好几百万年后——这个地区的火山活动可能会开始形成含硫酸的温水，它冲刷岩石，溶出黄金，并将其向上输送，直到它停留在裂痕与缝隙之中，并在一段漫长的时间后形成金矿。

▲ 位于澳大利亚卡尔古利的超级金矿

第三章

不会终结的钢铁时代

　　我静静地躺在一直晃动的床上。明天，我将奔赴山的另一边参加一场会议。今晚，我正被火车的运动晃得昏昏欲睡，就和前几代人那样。这种火车旅行让我感觉自己像是一段漫长故事的一部分，早在我们拥有汽车和飞机前，铁路就已经穿越乡村，在城市之间输送旅客和货物。

　　火车和轨道都由铁构成——这是我们文明中最重要的金属。一方面，人类最早使用的金属——金、铜以及由铜与锡形成的青铜合金，在多数情况下都太软，无法取代石头与木头制成的工具。另一方面，铁的应用引领了战争与农业的革命。只需想象一下，耕地时使用木犁和铁犁的区别。铁制工具让耕地、修路、劈柴都变得更容易。在与箭头和刀剑这样的铁制武器结合后，铁这种金属为那些比邻居更早掌握它的人提供了巨大的优势。

▲ 铁路在我们的文明中扮演着重要角色

没有铁，就没有呼吸的支点

然而，铁并不只是在我们的社会中发挥着重要作用，它也是人体自身输送系统的重要组成部分。一个成年人的身体中大约含有4克铁原子（足够打出一枚中等尺寸的钉子），我们则利用身体中的铁来完成维持生命所必需的任务。

为了生存，我需要呼吸。在我体内，所有的细胞都需要氧气。当我呼吸之时，我的肺部会获取氧气，但我仍然需要某种方法将氧气进一步输送到我的细胞中。这就是铁露面的地方。与黄金酷爱保留自己电子的特性不同，铁是一种很慷慨的元素，它非常乐意送出一些电子。这在铁和氧之间创造了一种紧密的友谊，因为氧总是渴望从其他元素中获取额外的电子。

当血液与我肺部的空气接触时，氧气会借此机会让自己附着在铁原子上，而这些铁原子与我血液中的一些分子结合在一起。通过这种方式，血液将氧气输送到身体中更远的位置。在我的细胞中，还有其他一些分子勒令铁和氧气再次分离，于是孤独的铁又会继续通过血管一路抵达心脏，然后被泵回肺部以获取新的氧气。倘若我的血液中没有铁，那么无论我呼吸多少都无济于事，因为实际上我无法利用费力吸入到肺里的任何氧气。这也就是为什么在我向血库捐献了约400毫升血液后，必须持续服用几周铁剂。我的身体可以很轻松地自行产生新的血液细胞，却不能自行产生铁。

一旦铁向氧原子释放电子，就需要很多能量才能让这两种元素再次分离。人们花了很长时间才学会如何破坏这种化学键，让铁原子取回它们的电子，这是将铁转化为便于制作武器和工具的金属的必由之路。

步入铁器时代

3500年前，当埃及法老图坦卡蒙被下葬时，他的石棺中放置了一把铁质的匕首。这把匕首以及全球范围内发现的其他古代铁器，在很长时间内都是一个巨大的谜题。毕竟，冶炼出金属铁以打造这些物品所需要的方法，直到一千年后才被开发出来。

对这个谜题的破解，超越了我们的星球：图坦卡蒙匕首中的金属并非来自地球。

在外太空，存在着无数大大小小的小行星，它们由含镍的铁构成。在那里，它们没有暴露在水或氧气中——这就意味着小行星中的铁永远都不会生锈，能够保持光泽与金属特性。每隔一段时间，就会有一些小行星以陨石的形式坠落，光顾地球，因而能够被直接从地面上捡起来，再被锤成匕首或其他物件。这是我们人类使用的第一批金属铁。所有这些早期的铁器，很可能都是由陨铁制成的。

地球上极少存在这样的地方——自然条件下的铁原子在这里不会与其他元素结合，而是以金属的形式存在。其中一个这样的矿床位于格陵兰岛的某个位置，很久很久以前，那里的铁质熔岩就渗透到了地壳中。在上升的过程中，熔岩穿过了一层煤——那是几乎完全由碳构成的史前植物的遗骸。碳最有用的性

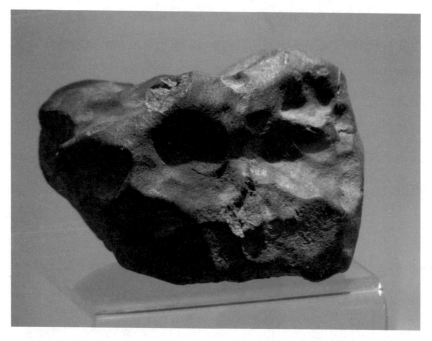

▲ 镍铁陨石

质之一，就是它比铁更渴望释放电子。结果，当炽热岩浆中已经键合的铁原子和氧原子与这层煤里的碳接触时，碳设法"说服"铁原子接受它们额外的电子。碳和氧以二氧化碳的形式喷入大气层中，留下了一层铁，我们人类就可以直接使用。

　　这里蕴含了生产金属铁的关键——也是人类能够进入铁器时代之前必须要找到的关键。我们周围有大量的铁（地壳中包含大约4%的铁），但几乎所有的铁都和氧结合在一起。铁矿石可以被转化为金属铁，这需要通过将其与煤混合后加热，直到煤被点燃。随后，在熊熊燃烧的煤中，碳与铁矿石发生反应，释放电子并"偷走"氧气，然后将铁元素以金属的形式留在身后。

◀ 生产铁的进程中要用到木炭，会导致当地森林承受巨大压力

人类开始生产铁以后，也带动了对木材需求量的增加。当木材被置于隔绝氧气的密闭土坑中加热时，它就变成了可以被用来生产铁的木炭。这往往导致当地的森林承受巨大的压力，滥伐森林就成了一种常见而又不幸的连带后果。如今，我们使用从地下挖出来的化石煤炭来炼铁，因而杜绝了对伐树的需求。从某种意义上说，煤矿在拯救世界上多数森林免于成为矿坑木炭的宿命方面，起到了举足轻重的作用。然而，与此同时，当我们焚烧化石煤炭时，排放到大气中的化石碳也对我们地球的升温产生了作用。每生产一吨铁，煤炭中的碳和铁矿石中的氧也会产生大约半吨二氧化碳。从长远来看，这可能对森林以及生态系统构成了比以往任何伐木活动都要更严重的威胁。

铁矿来自几十亿年前？

尽管过去的森林为我们提供了冶铁所需的木炭，但铁矿石本身却是生活在更久以前的那些生物的产物。如今，我们挖掘的几乎所有铁矿石，都源于大约25亿年前光合作用首次开始时海洋中的铁锈，曾铺满海底的锈红色氧化铁层。如今，这些沉积物可以在靠近地表的水平地层中被发现，因此非常适合在采石场中被开采。铁矿石上方的泥土与石头被挖掘出来并放到一边，这样就可以用巨型的机械从地面上这些巨大的碗形坑中挖出矿石——这些坑可谓地球上最大的人造结构。

由于铁是一种如此寻常的元素，因此也有一些铁矿的矿床是以其他方式产生。其中最重要的方式之一被应用在位于瑞典最北部的基律纳镇。这座城镇以及通往那里的铁路，都是为了从瑞典北部的岩石中开采铁矿石而修建的。一段时间以来，人们都知道现在基律纳所处的地区蕴藏着丰富的铁矿石，但直到19世纪末，这里都是几乎完全被遗忘的地方。铁矿石中含量很高的磷元素，让它在国际市场上简直是一文不值，然而当一种从铁矿石中脱除磷元素的工艺被开发出来后，这种瑞典铁矿石就成了一种倍加追捧的原材料。

基律纳矿床的位置偏远，可能需要花上几天的时间，才能靠着驯鹿和雪橇

▲ 露天铁矿场

将铁矿石运抵吕勒奥港，港口位于芬兰与瑞典之间波罗的海支流的波提尼亚湾深处。冬季时，冰层往往非常厚，以至于矿石不得不被堆在陆地上，直到海冰消融后才可以将其运输到欧洲其他地区。1898年春天，瑞典议会决定修建一条铁路，将基律纳和160千米外的吕勒奥港与挪威的纳尔维克港连接起来。这笔相当巨大的投资，将会使得该地向全世界输送矿石成为可能。这一发展吸引了数以千计的瑞典人、挪威人与芬兰人前来，他们热衷于从采矿、修建铁路或与这些活动相关的其他任何职业中获利，其中包括技术行业、酒饮料销售与卖淫。在经历了一个平平无奇的开端后，基律纳迅速发展成一座拥有学校、医院以及消防站的城市。

　　这条铁路于1902年完工，基律纳成为整个欧洲重要的铁矿石来源地。德国是其最大的用户之一，在第二次世界大战刚刚爆发时，希特勒完全依赖于这一来源。德国军队制造坦克、轰炸机以及各类武器所需的铁，超过一半都来自基律纳。1940年4月9日，在德国占领了挪威和丹麦后，这条补给线得到了保护，从基律纳到德国的运输一直持续到1944年盟军将其切断。

基律纳的铁源于过去某个时刻穿透地壳的熔岩。随着岩浆在岩石内部形成的空穴中缓慢冷却，含铁矿物的晶体开始形成，并沉入岩浆腔室的底部，这也就是铁和岩浆中其他元素分离的方式。如今，古老的岩浆腔室底部在岩石中急剧地向下倾斜，这使得基律纳成为世界上为数不多在地下挖掘矿石的铁矿之一。在岩石深处，大型的隧道在岩石被炸得疏松以前，自下而上地朝着岩石层延伸。这会导致岩石从洞穴顶部滚到地面，在那里因为掉落而被粉碎，卡车将其收集并输送到地面。到了这里，含铁的矿物会被分拣并装载到轨道车上。

当岩石被挖掘并掉落到深处时，不可避免会有裂缝向上延伸直到地表。如今，基律纳山下的裂缝已经延伸得非常远，以致市中心区域很快就会沉入蜂窝状的岩石之中。这座城市已经不能继续在原地保持不动了。教堂和其他一些精选的历史建筑如今正在被安放在轮子上，并被移动到更坚固的地面上，它们的周围将是新建的学校、商店和房屋，提供给所有即将需要收拾行李箱拎包入住的人们使用。

从矿石到金属

从基律纳运出铁矿石的火车，依然每天都会抵达纳尔维克好几次，日复一日。在纳尔维克，矿石被装载到船上，并运到全球各地的炼铁厂。如今，中国是世界上最大的金属铁生产国，其次是日本和印度。

在炼铁厂，矿石在巨大的熔炉中和煤一同被加热。煤将电子释放给铁并带走氧元素。随着炉内温度的升高，最终产品中不需要的矿物开始熔化。这种熔化后的液态物质被称为熔渣，可以从铁矿石中被倾倒分离或刮除。在这个过程结束之时，铁矿石就变成一块黏稠的海绵状"生铁"，其中仍然含有大量来自煤的碳元素。

　　在过去，生铁是一种用于制作物件的铁。锤打生铁，可以去除其中大部分残余的矿渣。随后，铁匠可以加热这种铁直至红热，用锤子和铁砧锻造武器和工具。在斯堪的纳维亚，农场上的维京人在专门建造起来的熔炉中加工这种大块生铁，铁矿石通常从附近的沼泽地中开采。铁匠必须知道如何控制温度、空气供应量以及对铁的锤打，从而尽可能获得最优异的产品。

　　后来有人发现，如果将生铁再熔化一次，那么金属的质量甚至可以被进一步提高。含有大量碳和其他杂质的铁在足够低的温度下保持液态，这样可以被倒入模具之中。这被称为铸铁。如今，铸铁是成本最低的金属铁产出形式。在厨房里大大小小的锅，还有大量的机械零件中，我们都能看到它的身影。

▲ 铸铁锅盖

　　我们可以从黑色的装饰栅栏与枝形吊灯中知晓熟铁，它是在生铁中加入石灰以及其他一些物质熔化而成的，这些物质有助于将尽可能多的杂质从金属中分离出来并送到熔渣之中。随着铁变得更洁净，其熔点也上升了。当铁在熔炉中不再保持液态时，就可以被取出、锤打并锻造。1889年完工的埃菲尔铁塔，就是由熟铁建造而成的。

令人趋之若鹜的钢

最受欢迎的金属铁形态有其自己的名字，并已成为力量的象征。拥有"钢铁一般的手臂"或"钢铁一般的意志"，听起来的确让人印象深刻。钢是一种碳含量①非常低的金属铁——一般不超过1%。直到19世纪末，钢的生产成本依然高得出奇，而新技术的发展使得大规模生产这种金属成为可能。然而在此之前，它制备用来生产最重要的物件——例如剑和有弹性的钢弹簧。

尽管钢的含碳量非常低，但本质上讲，它仍然是铁和碳的合金。合金是由两种或两种以上的元素形成的混合物，其性质可能与构成它的各个元素完全不同。这不同于把糖和盐混到一起会得到可甜可咸的食物。强力的钢由铁和碳构成，纯铁的形态柔软且易于弯曲（因此并不是很适合用于制造工具），至于碳元素，我们通过铅笔中易碎的石墨认识了它。其他一些元素也可以被加入到钢中，从而赋予它独特的性能。加入少量钒或钼这样的金属，可以让钢变得更轻，也更坚固，它可以在我们车库中的扳手以及其他很多工具中被找到。铬创造了一种不容易生锈的钢，它与镍和锰一起，被包含在我吃晚饭时所用的不锈钢餐具之中。

为了理解为什么一种特定的材料会表现出特定的行为，我们需要知道材料中的原子是如何排列的。如果你拿起一块纯铁，并在一台高倍显微镜下仔细观察，你会发现金属由许多相互连接的小晶体构成，晶体之间没有任何空隙。不幸的是，用常规的显微镜你看不到任何单个的原子，但是如果可能的话，你就会看到每一块晶体中，铁原子都整齐地排列着。

如果你试着徒手掰弯一根纯铁棒，那么一排原子很容易就与接下来的一排

① 钢作为铁碳合金的一种类型，其含碳量标准在各地并不统一，中国的标准是含碳量在0.02%~2.11%。

▲ 不锈钢由铁、铬、镍及锰组成，用途广泛

之间发生错位。一旦你停止对其施力，原子就会停在新的位置并保持下去。当你松开铁棒时，它也不会像一根钢弹簧那样弹回原来的形状。弯曲铁棒所需要的力的大小取决于晶体的尺寸。在晶体相互触碰的位置，一排排原子处于不同的角度，从而阻碍了它们之间的错位滑动，这就是为什么含有大晶体的铁棒弯曲起来比小晶体铁棒更容易。

在熔炉里形成的液态熔融体中，碳原子和铁原子充分混合。当熔融体冷却时，纯铁晶体开始形成。铁从液态熔融体中被分离出来，但碳却没有，这就增加了剩余熔融体中碳的比例。这种情况一直持续到熔炉的温度降到足够低时，剩下的铁和碳的混合物再也不能保持液态。于是，新的一种物质形成了——碳化铁，由四分之一的碳原子和四分之三的铁原子构成。铁晶体之间的空隙被层层相叠的碳化铁和纯铁填满。最终，固体金属由纯铁晶体与层状的含碳材料构成，前者富有弹性而后者十分坚硬。

弹性与刚性的结合，让钢变得颇有价值。靠着它的弹性，超过负载的钢桥不会在没有警告前就倒塌。取而代之的是，它会稍稍弯曲——但依然保持着几乎相同的强度。如今，钢铁最重要的用途之一就是在混凝土结构中用作钢筋。混凝土可以承受很大的重量，但是如果完全或是过度延伸，它就很容易开裂。当混凝土用钢筋进行加固后，内部的钢筋能够承受弯曲或结构延伸的作用力，同时混凝土承受着可能导致钢筋独自受力时弯曲或断裂的重负载。

生锈的问题

钢铁解决了我们的很多问题，但也不是一劳永逸。铁的使用，是与自然力量之间一场永无止境的斗争。当我们用铁矿石制造金属铁时，我们使用了大量的能量，迫使铁原子进入并不是它们真正想要的状态。

我们都看到过，汽车的引擎盖或是自行车的车架，上面闪闪发光的金属经过一段时间后就会被一些多孔的红色材料染色。这便是铁锈，是铁原子再次将电子传递给氧的结果。但对我们而言不幸的是，这是铁在地球表面"首选"的形式。因此，我们的社会花费了大量的财力与精力以阻止生锈或腐蚀，并修复不可避免的腐蚀所带来的损害。

虽然铁和氧非常乐意彼此之间交换电子，但它们还是需要水才能完成反应。因此，第一种也是最简单的一种防锈措施就是不让铁的表面和水相接触。埃菲尔铁塔由熟铁建成，它的外部涂有油漆，因此所有的表面都需要每隔7年重新上涂料。这就是这座塔如何能以这般良好的形态矗立，尽管它已经建成超过100年。

油漆很容易解决问题，但是并不总是实用。没有人会想在他们吃饭用的餐具上涂漆；它会发生剥落并与食物混合。相反，我们使用不锈钢——铁和铬形成的一种合金。这样一来，钢与空气中的氧气发生反应后，会在金属表面形成由不透气材料构成的致密薄膜。这层膜会阻止氧气和铁的进一步反应。普通钢的表面也会生锈，但是在这种情况下，铁锈会形成多孔层，很容易以大片的形式脱落，这样就无法阻止反应继续向内发生。

不锈钢的生产成本比普通的钢要高得多，这也就是为什么不锈钢不会被用

于建造大型结构体，例如船舶、桥梁或钻油平台。完全或部分浸没在水中的金属结构也不可能在油漆的帮助下得到保护，因为油漆很快就会发生磨损。锌片或镁片通常被放置在钢制的轮船外壳上，于是生锈的就是这些金属而不再是铁。这种金属片通常被称为牺牲阳极。只要它们是由比铁更急于释放电子的金属组成，那它们就会发挥作用。

有的时候，最容易的方法，就是接受物品会生锈。不能涂漆的钢电极必须被加厚，这样即便表面生锈了，它们也不会损坏。据估计，在潮湿的土壤中，100年会形成4毫米厚的铁锈——而在海水中，或是暴露在风吹浪打的区域，100年内可能会有30毫米厚的铁锈。

我们的基础设施在建设时已经考虑到了损耗。生锈的铁会被雨水冲走。油漆会发生磨损，也会被洗掉或被吹跑。锌、铝以及镁构成的牺牲阳极会溶解并消失在海洋之中。当铁被磨损时，我们也会失去它。钝刀口必须要被磨得锋利，

▲ 厚厚的铁锈

然后薄薄的一层材料才会因此被去除。自行车飞盘上的尖齿也会因为在使用过程中被磨成圆角。这些尖齿中的材料会变成路边的尘土，随着时间的推移，它又会被冲入河流，最终归于大海。

尽管如此，钢制物品还是很耐用的——它们的确如此。不锈钢餐具可以至少使用100年，至于桥梁、铁轨和摩天大楼，在需要进行结构上的大修前，可以使用50年到150年。因此，我们的社会中会蓄积大量且不断增长的铁，它们可以在新的建筑中回收再利用。

我们的铁会被用完吗？

铁是世界上最便宜也最常用的金属。2016年，全球的钢铁产量达到了16.4亿吨——这一产量是第二常用金属铝的22倍。在过去的170年中，铁的产量每年会增长5%到10%。我们用钢铁建造建筑、桥梁、铁轨、船舶、火车、公共汽车、汽车、高压铁塔和水电站。铁是我们基础设施中最重要部分的最重要成分。我们都是铁器时代的人类。

你能想象万一我们把铁用完会怎样吗？那将是灾难性的后果。在某些情况下，我们当然可以用其他材料替代铁。其他金属常常会比铁的表现更好，比如我们需要某种更轻的金属，就像铝；或者需要导电性更好的金属，就像铜；又或者是可以放在人体内而不会生锈的金属，就像钛。在其他情况下，我们还可以用非金属替代铁。桥梁可以不用钢铁而使用木料。游艇可以由玻璃纤维和塑料制成。刀具可以由陶瓷材料制成。然而，即使我们能够用其他任何原料生产出尽可能多的物品，也还是不可能靠其他材料替代所有铁的同时，还能维持我们现如今的社会。

很难说将来还能提取出多少种不同的元素。在我们掌握的数据中，其中最可靠的被称为储量。这是基于矿业公司对他们矿场开采能力的公开估算。

有的时候，新闻会报道说，我们还剩下5年的时间耗完某种元素，或者还有20年的时间耗完另一种。我们能得到这些数字，是通过将这一特定元素所有已登记的储量相加，再除以当前水平下每年的开采量。由此得到的年数将会告诉我们，还有多长时间我们就将用完这种元素的储量。目前已经公布的铁储量为830亿吨，每年从矿山中开采的则有15亿吨。换句话说，如果我们像今天这样持续开采，就将会在28年内用完储量。而且如果我们继续增加产量，它们会被更快地开采一空。

如果这的确是真的，那我们的处境就会相当被动，但很幸运的是并非如此。事实上，铁储量的"寿命"在很长一段时间里始终都是非常稳定的。50年前，我们只剩下几十年的储量，其他一些金属也是如此；从1980年到2011年，我们只剩下30年的铜和60年的镍——尽管这两种金属的量在此期间翻了一番。

原因也非常简单：储量的数字告诉我们，矿业公司准确地知道他们将能够从特定的区域开采多少矿产。但是对于尚未发现的矿床，他们并没有给出任何信息。由于储量也是矿业公司估值的一部分，他们必须耗费高昂的代价，在经过地质勘探、试钻、批准以及认证过程后，才能够将矿床归类为储量。矿业公司必须登记足够多的储量，以确保启动或继续开采所需的投资，这一点对他们而言至关重要，但他们也不需要登记过多。因此，登记未来几个世纪用途所需的储量，并没有任何意义，尽管这些储量显然存在。

如果技术发展导致一种元素出现更大领域的新用途，或是战争在其中一个核心生产国爆发，那么相对于产量而言，储量有可能会变小——预期的估算年限也会缩短。元素变得稀缺，其价格就会上涨。而在价格上涨的前景之下，矿业公司将会选择动用更多的资源寻找并归类新的储量。因此，看似潜在的供应中断，实际上可能会导致新的发现以及不断增加的储量。

随着价格的上涨，已知的矿床也可以被转入储量的类别。这是因为，储量指的只是那些能够被用于财务收益的矿床。当价格更高时，矿业公司可以承受得起将矿坑挖得更深，粉碎更多的石头，并使用更昂贵而复杂的分拣方法。

技术进步也可以创造新的储量。例如基律纳的铁矿石，很长时间以来都因为磷含量太高而被认为无法使用，但是随着一种从生铁中脱磷的新方法出现，基律纳从一片不毛之地摇身一变成为欧洲政治中的关键区域。未来，机器人向采矿作业的进军，会让他们挖掘得更深，分拣效率也更高，这也是未来几年储量持续增长的一种方式。

储量的特性，决定了它们会在我们需要的时候增长。一些人以此为论据声称，我们永远不会真正经历资源短缺，我们总能找到更多、或是开发出开采更多矿石的方法。但事实可能并非如此。每一种已经被移到这个被称为"储量"的小盒子里的事物，都已经存在于一个被称为"已知资源"的盒子里。这个盒子包含了我们已经发现但还未被归为储量的所有矿床，因为它们相对于常规路线过于偏僻，或是处于一个正在经历战争的国家，抑或是处于环境考虑不允许开采，还可能是因为地质条件使得开采活动在当今的市场或以当今的技术而言无利可图。

最后一个盒子里装的是未知资源——包含我们还没有发现的一切，因为我们还没有测绘出地壳上的每一立方英尺（约为0.028立方米）。

▲ 如果铁被用完了，那么桥梁中的铁能用什么材料替换呢

每次我们发现一座新的矿床，它就会从"未知资源"的盒子被移到"已知资源"的盒子。随后，它可以被进一步移到储量的盒子中。随着每一次储量的增加，资源也会相对减少。它们可能是未知的，但它们并不是无限的，当资源的盒子变成空盒子时，就什么也开采不到了。

那些试图估算铁资源总量的人，最终获得的结果是2300亿到3600亿吨。此外，已经开采的铁资源是300亿吨到700亿吨，它们或许位于我们社会的某个地方，或许已经因为生锈和磨损而消失不见。

我们对铁的应用已经超过3000年了，但也只开采了大约十分之一的可开采铁。然而，这并不意味着我们可以继续再使用一万年。我们现在使用的铁绝大多数都是在20世纪完成开采的。如今铁产量和总资源之间的比率表明，大约还有250年的使用时间。

尽管未知资源的数据很不确定，但我们还是可以很乐观地假设它们实际上4倍于此，因此我们将有足够多的铁使用一千多年。或者它们甚至有可能达到10倍大。这样的话，再过一千年，我们也不会抵达铁器时代的末期，而是或许才走了一半。但问题是，资源短缺并不是在地壳被挖空时发生，而是一旦我们的社会不再有能力开采出铁时，铁资源的短缺就发生了。

走出铁器时代?

我们能够供应得起多久的铁？这是一个困难而重要的问题。如果地球上的人口继续增加，那么铁的消费量很可能也会增加；如果更多的人赚取更多的收入，这也将导致需求的增长。人口下降与困难时期可能会导致需求的减少。新技术可以创造新的市场，或者淘汰掉曾经的主要市场——从而推动需求的上升或下降。

在所有已知和未知的资源中，只有一部分矿床是优质的。在这里，铁的含量很高，这意味着不需要爆破、输送、粉碎、分拣并储存大量的石头就可以获得我们所需的铁。当最优质的矿床被用完后，我们就将被迫开始使用含量较低的那些。由此带来的结果是，我们从地球的库存中每开采出一吨铁，都将被迫花费更多的精力与财力以开采出下一吨铁。这可能会导致铁变得更贵，从而使得我们中有些人购买铁质工具变得更加困难。这也可能导致我们如此依赖的基础设施，其建设与维护的成本会变得越来越高。

最近，研究人员在这一背景下研究了所有这些机理，以便收集更多有关铁的开采以应用在未来400年的发展。他们首先假设铁资源的总量为3400亿吨，同时到了2400年，世界人口将会急剧减少（这与他们对其他元素所发现的前景有关，其中包括磷元素，我们后面还将继续讨论）。根据他们的研究成果，到21世纪中叶，从铁矿中开采的铁还将持续增加，但是随后会下降，因为它的生产逐渐变得更昂贵且能量密集。铁矿石价格的上涨也将影响废铁的价格，这意味着更多的铁将会被回收。到21世纪末，市场上大部分铁将由废铁生产，而现在这一比例还不足三分之一。进入23世纪，采矿业将会基本停滞。与此同时，腐蚀与磨损造成铁的损耗还将像过去那样持续。我们不能通过制造不锈钢以减少这些损失，因为早在铁变得稀缺之前，不锈钢中的合金——也就是铬、锰、镍——也将出现短缺。22世纪中叶，人们使用和拥有的铁量，将从如今的大约500亿吨增长到将近1600亿吨。而当这一场景在2400年落幕之时，人类却只剩下大约300亿吨的铁。

我们不应该认为一个孤立的研究就已经是完整的事实，尤其当我们试图预测未来会发生什么的时候。但是假如没有什么是永恒的，似乎合理的结果是，我们的后代将不得不从铁器时代向外跨出第一步。

铁对我们的文明至关重要。正如石器时代并没有因为世界上的石头被耗尽而终结，我们只能希望我们的后代在钢铁再次变成奢侈商品之前，能够开发出一种更好的新型基础设施。

第四章

铜、铝、钛——从灯泡到赛博格①

① 赛博格（cyborg，cybernetic organism 的简称），意为电子人，即采用生化与电子技术，为生命体安装或改造非有机体的设备，使其具备更强的适应能力，常常出现在科幻作品中。

当我和我的男朋友一同前往澳大利亚深造时，我们第一次拥有了自己的车。这辆车比我还要年长4岁，我们从当时我男朋友在澳大利亚的叔叔那里继承了它，而他在把车交给我们时，也详细交代了如何保养火花塞。当我们透露自己都是汽车爱好者时，他向我们保证，如果发动机开始出现奇怪的噪声，他随时可以帮我们拆出（并重新组装）。这辆车有时候似乎已经厌倦了在澳大利亚的荒野中四处奔波，但是每当拜访心灵手巧的叔叔后，就总能让它为新的冒险做好准备。

我们如今拥有的汽车，引擎盖下只有放行李的空间。电动马达被隐藏在座椅下的某个地方，仪表盘则是一面巨大的电脑屏幕。当汽车发出奇怪的噪声或是表现得不正常时，我们必须给能够从世界上某个地方连接到这辆汽车的人打电话，也许还能够通过软件更新来解决问题。如果这些都不奏效，我们就得把它送到修理厂了。

当我们驾车时，可以在大屏幕显示的地图上监控汽车的位置。在开启旅程前，首先我会输入要去的地方，然后汽车就会计算哪条路最快，以及我们应该停在哪里充电。后视摄像头和两侧的传感器让停车变得更容易，只不过我们的车还少了点儿最新的技术，不能完全自主地侧方停车。在最新型的汽车中，你甚至可以随心所欲地驾驶，不用触碰哪怕一次方向盘，但目前的法律只允许在极少数地方这样操作。

2017年夏天，我们第一次开始讨论，什么时候人不再需要自己开车。电脑控制的汽车不用睡觉，也不会和后座上的孩子们争吵，还不会喝酒。随着我们学会更多地依赖技术，我们可能会开始认为把控制权移交给一个鲁莽的人是不负责任的。如果15年内没有人自己驾驶汽车，那么我的孩子们也许再也不会学会如何开车，就像我自己从来没学会如何修车一样。在铜、铝和钛元素的帮助下，技术的发展不停地改变着人与机器之间的界限。

汽车，还有身体和水中的铜

电动汽车是填充我们生活的这些装置中最新的升级品之一。自19世纪80年代电灯开始普及以来，获得廉价可靠的电能，对大多数人的社会和日常生活产生了巨大影响。没有电，日落以后就陷入了黑暗。这样你就不得不在油灯下阅读写作，在每天吸入有害烟雾的炉火上烹饪食物。

◀ 电灯的普及让电能走入每个人的家中

在西方世界的大多数地区，这种情况已经属于一段被遗忘的时代，但是从我的祖父在发电厂建设工地上工作并架设铜线接入挪威北部通电算起，到现在也不过才几十年的光景。

随着电力在我们越来越多的基础设施中占据主导地位，我们周围的铜量也随之增加。铜是我们用电时最重要的金属，这主要得益于它优异的导电性，但也是因为它的锈蚀速度慢且生产成本低。第二次世界大战刚刚结束之时，一般家用汽车所用的铜线长度约为45米。如今的普通汽油车中，这个数字已经超过了1500米，而混合动力汽车与电动汽车中使用的铜线明显还要更长。大多数的铜是各种电子元件的一部分，它们在战后的汽车中还未出现。

　　铜的用途还远不只在电力电缆、计算机和电动汽车上，许多水管也是由铜制成的。水管会将微量元素泄漏到我们的饮用水中，这在小剂量时不是什么问题，因为我们的身体也需要铜。细胞器中有一些最重要的蛋白质中也含有铜原子，人体中的铜足够用于制作小沙粒大小的一块铜颗粒。

▶ 很多水管是由铜制成的

　　然而，当铜过量时，它就变得对身体有毒了。因此，如果你喝了在管道里存放过一段时间的水，那么这样的铜含量可能会使你生病。如果你在一个只用来烧水的锅里烹饪热红酒，那么同样的事情也会发生。随着时间的推移，自来水中的铜会在锅的内部形成一层铜的涂层，如果这种涂层在酸性葡萄酒中发生溶解，那么这种假日饮品可能最终会让你服下一剂含量有些超标的铜。

　　早在铁器时代之前，铜就成了我们社会的一部分。与金一样，铜是自然界中为数不多存在纯金属形式的金属之一，早在8000年前就已经被应用。然而，铜金属矿床极为罕见，因此直到研究出从矿物中提取铜的方法后，铜的应用才变得逐渐广泛。

　　铜是一种软金属，因此用它制作的工具比后来用铁制成的工具强度更低。然而，当铜被锤击后，它会变得相对更坚硬。锤击会造成晶体结构的错乱，使原子难以在彼此之间滑动。当金属再次被加热时，原子又会很友好地相互靠近、安排自己的位置，从而使得金属变得更柔软，也更有弹性。通过这种方式，就可以用相同的金属制造出新的工具了。渐渐地，将铜和锡混合在一起制成青铜，以及使用铜与砷或铅制成的合金也变得更普遍。

清除森林中的铜矿

　　铜是地壳中的一种稀有元素。尽管如此，由于地壳中的铜很容易通过各种地质过程输送并富集，故而大多数国家都具有可开采的铜矿床。铜和硫的共生是个优势。正因为如此，在大多数情况下，铜都会出现在含硫的矿物中，而这些矿物很容易从矿石中被分拣出来。于是，从铜含量实际只有千分之几的矿床中提取出铜还是可能的。尽管铁矿石中铁的含量可以超过50%，但如今的铜矿中，典型的铜含量却只有0.6%。这就意味着，每挖掘一吨石头，我们收获的只是6千克左右的铜和略少于994千克的尾矿。

　　与铁一样，大量的碳和能源被用于从铜矿石中冶炼出金属铜。最早期的铜矿开采，过程中消耗的木材曾导致西班牙、塞浦路斯、叙利亚、伊朗和阿富汗的部分地区大规模砍伐森林。而在更近的一段时间，在我的祖国挪威，位于中部的勒罗斯维达（Rørosvidda，简称勒罗斯）也发生了类似的事情，从17世纪中期到1977年，那里的铜矿一直在被开采。这片地区曾经生长的大片森林被砍伐，为铜矿开采过程中的点火以及铜矿熔化提供燃料。从0.03立方米的石头中提取出铜，可能需要0.5立方米的木材。

　　仅仅是砍伐似乎还不算什么，勒罗斯周围地区的大部分植被都因为铜矿冶炼的污染而遭到破坏。直到19世纪中叶，铜矿石加工时的一个重要环节都还是在户外进行。为了分离铜和硫，经过粉碎的矿石被堆在干燥的木质基底上，然

▲ 描绘智利铜冶炼场景的版画，1824年

后点燃木头，使其燃烧几个月之久。矿石中的硫与空气中的氧气发生反应，并以气体的形式升到空中。在空气中，这种气体与水蒸气发生反应并转化为硫酸，随后就像末日电影的酸雨那样落到了地面上。在如今的金属铜冶炼过程中，人们已经开发出在大部分污染排放到环境前就将其阻遏的办法。

铜矿和金属铜的生产会在土地景观上留下大量的痕迹，但如果想继续像今天这样用电，我们就必须维持世界市场上的铜供应量。然而，据一些研究显示，在铜产量开始下降前，我们只剩几十年的时间了。与此同时，一些科学家则指出，如今开采的铜矿不过都处于地壳顶部1千米内，通常位于非常浅的地表。而在地表以下大约3千米的深度，可能会有大型的未知铜矿。如果找到这些矿床的方法被开发出来，同时开发出机器人能在高温而危险的深井下工作，那么可开采的资源量将比我们如今的计算量大10倍。这甚至可以让我们这样的铜消费量再持续数百年。

铝：红云与白松

铜并不是唯一被我们用于导电的金属。在很多情况下，铝是一个很好的替代品。它质地轻，这就使得它非常适用于电力线。我的电动汽车之所以大部分由铝合金制造，轻质也是其原因，而铝合金是由铝和其他元素混合而成的，金属的强度得到加强，但不会使其变得太重。

我和铝之间有着很密切的联系。尽管这种元素在人体内没有任何有用的功能，但人体内依然含有总量和铜差不多的铝（最好也不要更多了，因为过多的铝可能对人体有害）。我每天都会把铝握在手上，而且是好多次——因为我手机的外壳就是由铝制造而成的。当氧气和铝发生反应时，会形成一层氧化铝附着在其下方的金属上，如同一张致密的保护膜。这是避免剩余其他金属与氧气接触的方式，也就是为什么铝不会像铁那样发生锈蚀和分解。在制造手机外壳的工厂里，氧气水平与温度都会被控制，这样氧化层的厚度就会刚刚好（大约千分之五毫米厚），足够坚固，能经得起我对它的操作。

由于地壳中的铝占到8%，所以我们在这里讨论的是一种极为常见的元素。抛开铁不算，它是世界上生产最普遍的金属（每年的产量约为5000万吨，而铁的产量为16.4亿吨）。几乎所有的铝都是由铝土矿冶炼而来的，铝土矿是一种热带地区的岩石，当地表水流经风化的基岩时，吸收其他一些元素并让铝、硅、铁和钛等元素保留下来后，就会形成这种岩石。目前被开采的大多数铝土矿位于澳大利亚、中国、巴西和几内亚。

铝土矿距离地表很近，因此可以在采石场挖掘到。最表层的泥土和石头被移到一边，随后挖出铝土矿，粉碎后将其放入庞大的高压釜中用氢氧化钠处理，从而将氧化铝和矿石中的其他矿物分离。余下的废料是一种稀薄的红色污泥，在被泵到巨大的池塘后，污泥就会慢慢干燥。碱液使得这些红色污泥具有腐蚀性，如果出现泄漏或大坝垮塌，就会对环境造成重大而直接的危害。这类事故中，最大的一起要说是2009年发生在匈牙利阿依卡的溃坝事件，当泥浆吞没最近的村庄时，共造成10人死亡——多数可能是溺亡。污泥继续进入当地的河流，夺走了所有生命后，进一步流入多瑙河。幸运的是，这起事故的长期影响似乎已经很小了。

在马来西亚，由于采矿活动不受控的爆炸式发展引起了严重的环境破坏，其中包括从干燥储存池上刮起的红色尘土云，当局在2016年对铝土矿的开采实施了临时禁令。马来西亚的禁令导致当年的全球铝产量下降了10%，同时这也是一个很好的案例，说明无论是实施还是执行，严格的环境法规对于采矿工业而言何等重要。

在很长一段时间里，铝是一种昂贵而奇异的金属，与黄金处于同一水平。纯净的氧化铝需要加热到超过2000摄氏度才能熔化。这样的高温不仅需要大量的能量，而且几乎不可能找到建造熔炉的材料。19世纪末，冶金学家发现，通过将氧化铝和冰晶石这种氟化物矿物混合，就可以将其熔点降低到大约1000摄氏度。如果没有这项突破，如今的汽车、手机以及啤酒易拉罐中就不会含有铝。

为了让氧化铝和冰晶石的熔融混合物与碳之间发生反应，从而将其中的铝转变为金属，熔融体就必须被安插在电路之中，电路中的电子被驱动着从碳转移给铝。这一过程需要大量的电能，这也就是为什么热带地区的铝土矿会被输

▶ 铝制易拉罐

送到那些可以用到廉价电力的地方。

在我还是孩子的时候，家人就经常会带我领略美丽的乌特拉达伦山谷，它位于挪威南方约顿海门公园的西部。旅程结束时，会穿过一片古老的森林，来到一个叫维迪斯莫基的高原。在这里，最高大的松树已经彻底变成了白色。我的父母告诉我，这些树已经因为奥达尔铝厂排放的含氟气体而死亡。我一直认为这是一个奇怪的故事——氟化物就是带有笑脸的小药片，每天晚上被我用来保护牙齿，它居然可以杀死这么大的树，而且很难相信它和金属之间有任何关系。

位于松恩峡湾最深处的奥达尔市铝加工厂，是在第二次世界大战期间由德国占领者创建的。战后，这座工厂被挪威政府接管，目前则是由挪威水电公司运营，是世界上最先进的铝厂之一。可利用的廉价水电，让挪威成为一个对铝生产工业很有吸引力的地方，如今的挪威也是世界上第八大铝生产国。

奥达尔的铝业生产开始于1949年，这对该地区的牲畜造成了直接影响。它们的牙齿与骨骼遭受到严重的损伤，变得非常脆弱，不得不被赶往山上的牧场。到了20世纪50年代，工业排放与它对自然界及牲畜造成伤害之间这种相当明显的联系引发了几起诉讼，工厂最终不得不向当地的农民支付损害的赔偿金。这一系列事件引起的关注，促成了挪威1961年成立烟雾损害委员会（Røykskaderådet，后来成为挪威污染控制局，再后来又成为气候与污染委员会）并出台了环境政策。

与我从父母那里所了解的情况一致，正是熔融冰晶石中的氟化物气体破坏了针叶林，还有动物的牙齿与骨骼。我们给孩子们使用含氟的漱口水和含氟牙膏，是因为少量的氟化物可以进入我们牙齿晶体的表面，从而使它们变得更加坚固。另一方面，如果氟的含量过高，无法形成正确的晶体类型，我们的牙齿就会受损。

直到20世纪80年代——也就是工厂开工后大约40年——足够优异的清洁系统才被安装，这可以防止工厂对针叶林的破坏。如今，这些净化系统已经能够捕获大多数氟，并通过萃取流程将其送回。奥达尔的氟排放对当地鹿的牙齿仍有影响，但是工厂对环境的影响相比于几十年前的情况，几乎可以忽略不计。

用我们已用过的

按照如今的开采速度，铝土矿足够为全世界提供

▲ 含有适量氟的牙膏可以保护牙齿

300年左右的铝用量，但当铝土矿的矿藏逐渐枯竭，我们就需要开始从其他矿物中提取铝。地壳中的铝极为常见，以至于我们只要拥有足够的能量，就能够将其提取出来。

铝也可以被回收利用。利用回收的材料生产铝，所需的能量只是生产新金属所需能量的一小部分。这意味着，铝是如今被回收最多的材料之一。在世界范围内，超过60%的废弃铝被回收利用。尽管如此，市场上只有不到一半的铝来自回收材料，但是在短短几十年内，回收可能会比采矿更重要。

金属通常很适合进行回收利用。当它们熔化以后，就会表现得跟新的材料一样。平心而论，将合金分解回它们各自的成分可能还是相当困难，这也是为什么金属回收必须仔细分类，以确保不同的合金不会混合在一起，否则这会导致成品中出现不良特性。有一些不错的化学方法可以用来分析合金的成分含量，但是如果不同的成分都被标记得很完善，也易于拆解，那么分类工作就会既简单又便宜。

我的手机远不止由铝构成。一部手机，平均含有30多种不同的元素——占地球上83种已知非放射性元素的三分之一。手机中的电子元器件，由纯硅的晶体结合了磷、砷、硼、铟、镓等微量元素后制成，从而形成了用于控制信号和

▲ 废铝的回收

存储信息的电子元件。电子接头由导电性最佳的银、永不生锈的金，还有最划算的铜制成。屏幕上的玻璃由硅、氧、铝、钾构成。当我触摸屏幕时，电信号会被传输到手机内部的计算机中，因为玻璃上覆盖了一层含有铟和锡的涂层，而且它非常薄，所以我能够直接透过它看到屏幕。

　　如果我们还想在未来继续创造出更加复杂的计算机以及通信工具，研究人员就需要开发出更好的新方法，让电子设备被用过以后还能将其中所有的元素彼此分离，以便重复利用。我们花费了数千年的时间完善了从石头中提炼金属的方法。如今，我们已经获得的所有知识，都需要被用于理解如何从文明的废料中提炼出我们所需的金属。报废的汽车与手机，将会成为未来的金矿。

山上的钛

　　我的汽车底盘由钛构成，这是一种轻金属，比铝要坚固得多，但也要贵得多。因此，它只用在轻量化和高强度的组合尤为重要的场景中。钛不仅在使用极少能源的轻型车辆中很重要，而且在卫星这样的航天器中也很重要，我们依赖卫星来知晓汽车与手机的位置，并跟踪地球上的天气、冰盖和植被。

　　作为一种金属，钛可能不是只在外太空才真正实现自身的价值的，它甚至也进入了人体内部。有时候，我们也需要一些配件。早在古罗马时期，人们就已经用铸铁制成了假牙，并在1938年成功完成了首例髋关节植入手术。多年以来，植入体提高了很多人的生活质量。

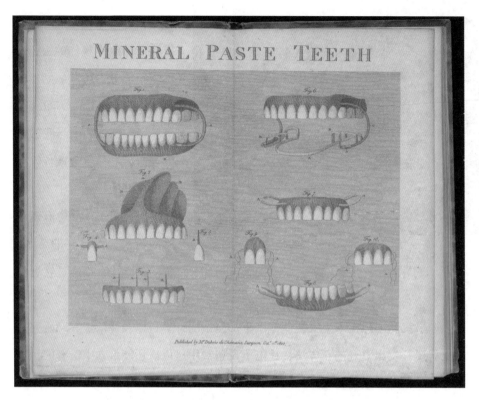

▲ 19世纪的资料中记载的各种矿物制假牙

　　重要的是，植入体是由那些在体内能够长期发挥作用的材料制成的。它们不会生锈或腐蚀，不会破碎，也不会释放出任何对身体有害的物质。金、银和铂符合这些标准，但是这些金属在施加压力后太容易弯曲，因此不能很好地替代牙齿和骨骼。更坚固的金属，比如铁、黄铜和青铜，却会发生腐蚀并刺激身体，尽管古罗马的铸铁假牙似乎相当好用。在所有的金属中，钛合金的性能最好。钛坚固又轻巧，可以在体内保留很长时间，既不会强度减弱，也不会造成任何副作用。这是钛的用途之一，显然我们希望可以一直利用这一优势。

　　然而，大部分被开采出来的钛并不是以金属的形式被应用的。几乎所有的钛——大约90%——都是以二氧化钛的形式被应用，因为二氧化钛具有超白的

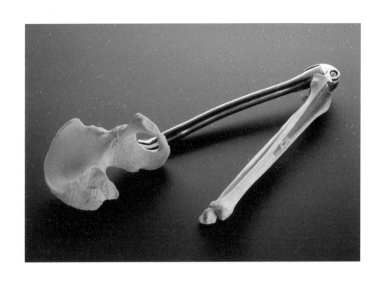

◀ 钛股骨替代物，
英国，1981年

颜色。二氧化钛取代了很多白色涂料中的铅，这也使得钛的应用对于环境而言是个好消息。问题在于，涂料是最难回收的物品之一。正如我们多年以来已经失去了用于镀金表面的很多黄金那样，涂料的特性就是会被磨损——因此我们必须要重新涂制。磨损后的涂料会成为灰尘，随着风和各种天气被送入大海。我们今天用于涂料的这些钛，未来将无法被用于航天飞机或植入体内。

挪威开采钛的历史已经超过100年。在世界其他地方，钛通常是从沙子中提取的，沙子中轻质的矿物会被冲走，而更重的钛矿则会留下来（这是因为，即便钛是一种轻金属，含钛的矿物质还是比沙子中其他大多数矿物更重）。然而，在挪威，我们有一些世界上最大的固体岩石钛铁矿。为了将钛提取出来，这些岩石必须要被粉碎成细小的、宽度不足半毫米的颗粒——并与水混合。随后，大多数含钛的矿物可以通过磁铁和重力进行分选。将肥皂与污泥混合并使其产生泡沫，由此可以捕获最小的颗粒，从而使含钛矿物附着在气泡上并可以从顶部被刮下来。

经过加工后，钛矿石被转化成可以进入市场的二氧化钛，但是也会形成大量需要被安置在某处的污泥。20世纪60年代，挪威西部的特尔内斯矿山动工时，污泥被存放在附近一个叫桥星峡湾的峡湾底部。一开始，峡湾的浅水区被填满。后来，矿场主们又想在同一峡湾更远处一条约90米深、名为丁噶朱培特的沟渠内开始沉积污泥。这遭到环境保护组织和渔民举行的大规模抗议，抗议者们甚至在1987年占领了环境部部长的办公室。然而，尽管存在抗议，还是颁发了许可证，矿山污泥被泵入丁噶朱培特长达十年的时间。

1994年，特尔内斯转向陆地上的安置场所，他们每年向一座筑有堤坝的山谷中泵入多达200万吨的污泥。当污泥表面在阳光下干燥时，风就会卷起大片的尘土，而当下雨时，雨水又会渗过污泥滴落。雨水和矿物质之间的化学反应释放出镍、铜、锌以及钴等重金属。从废物处理场流出的水，又将这些污染带入溪流，进一步送入峡湾——而这一过程，或多或少还将永远地持续下去。

沉积到海洋中的污泥不会以同样的方式释放重金属，这既是因为海水中的化学成分会让矿物更稳定，并且也是因为沉积位置的海水不会发生太大的移动。海水沉积物的问题更多与颗粒物本身相关。有一个明显的问题是海床被覆盖后，那里所有的生命都被消灭了。此外，那些被泵入峡湾的最小颗粒物会立即沉入海底。如果它们与峡湾外的洋流汇合，这就可能会给更大区域的海洋生命制造麻烦。小颗粒物会驻留在鱼鳃中，沉积物则会让海水涌流变得更黑，从而改变整个食物链。

当采矿作业停止而污泥被搁置后，峡湾海床上的生命理论上应该会恢复。然而，30多年后，桥星峡湾依然显示出明显的沉积物痕迹。最终，社会将会权衡各种利益：陆地沉积物会比海洋沉积物对环境造成更大的损害吗？开采钛的过程中，获得的经济利益是否足以让我们接受开采对环境造成的所有后果？我们还需要问：我们今天是应该将钛作为涂料出售，还是未来将它用于植入体？

赛博格来了！

就在几年前，我还在黄页①和实体字典中查找资料，查阅纸质的地图，提前与别人制订何时见面的计划，在售票亭或自动售票机上购买车票，查看有关公

① 黄页（yellow pages），一种通用的电话簿，可以查阅到当地企业包括电话在内的相关信息，因内页通常以黄色纸张印刷而得名，网络时代通常用于指代虚拟的企业资料集。

共汽车与电车时刻表的小册子，随身携带相机拍照，在手持计算器上计算，去银行办事，用秒表计时，用闹铃叫起，在笔记本上写上任务和计划。所有这些事情，我现在都是在口袋里随身携带的微型计算机上完成——那就是我的手机。和其他很多人一样，我经常会体会到一种冲动，想把手机握在手中干点儿什么，比如查看我的电子邮件，或是浏览脸书（Facebook，一款社交软件），尽管知道我可以用这些时间做点儿更有意义的事情。

如今，我们已经如此依赖于这样一台微型计算机，以至于我们希望它时刻紧挨着我们的身体，我们开始好奇它是否真的还有必要和我们的身体分离。现在你已经可以选择一些配件连接在你的身体上，例如戴在你手腕上的"智能手表"。你也可以戴上眼镜，在你的视野范围内为你提供信息，这样你就不用再为了看屏幕而"折腰"了。这些眼镜甚至还可以安装一只内置的摄像头，于是不管你看到什么，随时都可以拍摄。我的猫，皮肤下植入了一颗芯片，这颗芯片可以帮它打开猫洞的门，而在美国的一些工作场所，员工们还可以在手上植入一颗类似的芯片，这样就可以用于上班和下班时打卡，或者在自助餐厅支付午餐费。这种芯片是一台极其微型的小计算机，可以通过皮肤外的电信号调整其信息。

人体还会使用一种形式的电。自18世纪起，我们就已经知道，我们神经细胞中的电信号被用于控制肌肉运动。因此，我们通过测量并控制这些信号，理论上就可以调查并控制身体中发生的事情。

心脏起搏器是第一种在人体系统中用于监测并发送电信号的植入物，对它而言，人体系统指的是心脏的肌肉细胞。当起搏器监测到心脏不再正常跳动时，它就会发出一个信号，驱使心脏以稳定的节奏跳动。1958年，瑞典工程师阿恩·拉尔森成为首位接受起搏器治疗的患者。尽管他在8小时后就不得不更换一台起搏器，并且在2001年去世之前进行了25次手术以替换或修复起搏器，但是这些设备还是很快就发展成我们可以真正信任的机器。如今，我们还拥有能帮助失明者看见东西的视网膜植入体，让失聪者听到声音的耳蜗植入体，以及可以植入大脑深处治疗诸如帕金森症、慢性疼痛、癫痫、焦虑症与抑郁症等疾病的电极。这些电极会向大脑本身的信号系统发送电脉冲信号，从而可以控制大脑自主地发出的一些信号。这种位于大脑内部的电信号连接可能非常精确，但是在多数情况下，只在头骨内部，甚至就在头部表面上放置电极就已经足够了。

电路也可以连接到那些与身体中枢神经系统相接触的神经细胞或肌肉细胞。通过这种方式，身体自身的信号系统可以被用于控制身体外的器械，例如上臂义肢。大脑具有一种令人惊异的能力，可以学会如何操作这些外部器械。与控制一只真手不同，它并不会使用相同的神经通路。只要看看人造的假手，或者理解它是如何运动的，大脑就可以在神经细胞之间构建连接，使之能够像控制真实身体部位那样控制这些外部器械。

器械和身体信号系统之间的直接联系也可以被用于相反的方向：来自外界的信号能够影响大脑或肌肉。昆虫有着比我们更为简单的信号系统，并且有一些系统已经被构建起来，可以让你通过植入电极连接到脑部的一台微型计算机，从而远程控制甲虫、蝗虫和蛾子的系统。如果你需要可以拍照或进入密闭空间的小型器械，那么你可以组建一支远程控制的蝗虫大军。而像老鼠和鸽子这样大脑更为复杂的动物，则可以通过刺激大脑的惩罚与奖励系统实现控制。在这种情况下，电极会直接与神经细胞相连，或者信号会被用于释放那些被大脑细胞吸收的化学物质。

赛博格是我们在电影和文学作品中了解到的一种事物，指的是人类与机器的混合体，通常具有非凡的能力。然而，就某种程度上我们可以说，携带起搏器和视网膜植入体的人，实际上已经是赛博格了，而我们完全有可能将此更进一步发展。

如今，在孩子们开始读中学之前的时间段，不让他们拥有自己的手机几乎是不可想象的。当我们的孩子长大后，让他们自己开车可能也是不可想象的。当我的孩子们也有了自己的孩子后，植入器械或许已经成为一种常态，这可以为他们提供各种好处：健康监测、更好的视力和听力，甚至不需要使用外设器械就可以与外界沟通、支付账单并发送信息。

机器人的未来

电子元器件正在变得越来越小。我手机中的计算机，比小时候我父亲工作时使用的那台跟冰箱差不多大的电脑更强大。如今，我们已经从原子层面上理解了材料如何发挥作用，这让我们能够制造出如此微小的机器，以至于必须用先进的显微镜才能看到它们。如果我们愿意，我们甚至可以将计算机和机器人送入我们的血管和细胞中。

你也许会认为，对于那些担心材料会在未来被消耗殆尽的人而言，机器朝着越来越小的方向发展会是个好消息。毕竟，小型机器需要的原材料更少。这是我们作为一种文明继续提升发展却不给世界资源增加负担的观点之一。小型设备也只需要更少的能量就能运转。未来，我们体内的小型机器甚至可以收集我们体内自然产生的能量，这样即便没有需要充电的电池，它们也可以运转。

然而，制造更小的物品也会付出代价。物品越小，它就需要更清洁的环境才能运行。虽说一台由金属部件制成的大型收音机，大到可以很好地应付相当数量的杂质，但是当部件非常小，以至于它们本身只是由几个原子构成时，那么每个原子都会变得非常重要。在如今的电子工业中，生产是在非常洁净的实验室中进行的。因此，一粒灰尘都可能造成严重的问题。这只有靠着先进的通风与过滤系统才能奏效，然而这反过来又需要大量的能源，还需要对工厂内运转的一切都进行有条理的控制。

让某种东西变得相当干净、非常干净和超级干净，其中存在着很大的区别。例如，物质中的杂质可以通过蒸馏的方式去除，这是因为所有的单质都具有各自的沸点。当通过蒸馏生产酒的时候，水和酒精的混合物被加热，直到酒精变成气态，此时只有一部分水是气态的。当酒精气体被收集并冷却时，它会发生凝结，从而转化为含有一些水的液体。为了尽可能多地除去其中的水，这个过程必须要重复几次。在每一次循环中，大量的能量都被用于蒸发酒精，并且在每一次循环中，都有一些酒精会不可避免地流失。同样的原理也适用于所有其他需要被提纯的材料。即便最终留下来的这台微型机器消耗的能量以及它的重量都小到可以忽略不计，但它却掩盖了生产阶段所消耗的海量能量与化学物质。用于化学分离的这些能量（所有用于分离物质的过程——虽然公平来说，并不只是为了制造电子产品），大约占到整个全球运输部门所用能量的三分之一。

▶ 威士忌酿制工艺中的重要步骤便是蒸馏

　　然而，还有一些其他的方法可以制造小型物品。某种程度上，细菌和其他一些生物也是小型机器。研究人员已经可以改变简单生命体中的基因物质，将其用于生产某些化学物质。有些细菌已经可以在只有几个原子的基础上建立起完全依靠它们自身完成的电连接。目前正在进行的工作是找出哪些基因控制了这些物质的生产。未来，我们可以利用这些知识，通过专门为此开发的细菌来设计我们自己的电子元器件。

　　对于电子技术的未来，在与其他生物发生相互作用的过程中，我们自己就可以是计算机，而这计算机的部件，少部分是由地球上提取的金属制成的，多数则源于生命体从太阳而非化石能源中所获取的能量。这不仅仅需要多年的研究，也需要一些先进但价值不菲的设备。

我们永远无法让细菌或植物制造我们需要的所有电子产品，尤其是对太空旅行而言。能够在地球大气层外使用的材料需要承受极大的压力。我们知道，如果我们在太阳下待的时间太久，就可能会被晒伤，甚至是诱发皮肤癌。这是因为，阳光中能量最高的部分（紫外线）会破坏构成皮肤细胞那些分子的化学键。对我们而言，十分幸运的是，植物的光合作用在大气层中提供了一层臭氧，阻止了大部分有害辐射抵达地球表面。然而，在这一层以外，辐射的强度则要大得多。我们不能寄希望于细菌电子元器件中的有机分子能够应对太空旅行。

在环绕地球的轨道上，需要能够承受辐射、低温和高温的轻质材料。在这里，铝和钛将会尤为重要。此外，我们还将使用很多被我们称为"陶瓷材料"的物质——接下来我们就来认识一下它们。

第五章

骨骼与混凝土中的钙和硅

我住在一间砖房里。这间房屋,地基由混凝土浇筑,墙壁采用玻璃纤维隔热,而我通过一扇玻璃窗欣赏外景。在橱柜的上方的墙和浴室的地板上,我贴上了瓷砖。在浴室里,水槽和马桶都是由陶瓷制成的,与我橱柜中的杯子、盘子采用了一样的材料。在我的口腔中,牙齿覆盖了一层珐琅质,而在这层珐琅质之下,则是由含有钙、磷、氧以及少量硅元素的晶体。当这些元素因共享电子(以它们喜欢的方式)而结合在一起时,它们就可以形成坚硬但易碎的陶瓷材料。

陶瓷材料在我们日常生活中的作用不亚于金属。此外,陶瓷材料也是航空航天技术的重要组件,我们周围许多最智能、最先进的机器同样如此。这些组件必须要在清洁无污染且设备先进实验室中制造完成。在那里,它们的成分几乎要被精准地控制到每一个原子。其中有一些还可以利用微小的温差发电。或许它们有朝一日可以收集足够多的能量为我们将来植入体内的微型计算机提供动力。毫无疑问:陶瓷材料将在未来技术的发展中发挥不可或缺的作用。

硬而脆

陶瓷材料构成了一个多样化的类别,但它们也有一些重要的共同特征。一方面,它们都很坚硬,可以承受巨大的压力,世界上最大的结构无怪乎都是由混凝土建造的,牙齿也覆盖了一层珐琅质。与此同时,它们也很脆,这意味着如果负载过大,它们在发生弯曲前就会断裂。如果你咬了什么太硬的东西,你的牙釉质也会裂开一片。极少数陶瓷材料可以导电,这也就是为什么陶器、玻璃与瓷器会被用作高压电路的绝缘体,从而确保电压不会从一个导体传递到另一个导体,或是钻入高压塔或地面。没有这样的绝缘体,我们就无法像今天这样在社区之间输送电力。陶瓷材料的导热性也很弱,这也就是为什么我可以轻松地握着一只陶瓷杯,里面却装着热气腾腾的茶,如果杯子是金属做的,我的手可能就会被烫伤。

陶瓷材料的表现与金属有着本质的区别。我们生产金属的方法,是让元素与其他元素保持良好合作,迫使它们接受额外的电子。当这些原子聚集在一起

◀陶瓷材料的导
热性很弱

形成一块金属时，它们就不再对其承载的电子感到"有责任"。在某种程度上，这些电子就像是暑假里的孩子那样，在材料的周围自由地运转。这使得电子既能导电（电流不过是材料中移动的电子）又能导热，因为材料中的微小组分可以四处移动时，热量也更容易传递。这样的原子结构排列在移动电子的海洋中，也使得原子可以很容易地从彼此身边滑过，从而使材料可以被弯曲和拉伸。

陶瓷材料也由微小的晶体构成，而这些晶体则是由排列整齐的原子结合在一起所构成的。陶瓷晶体和金属的不同之处在于，原子将电子分布在它们之间（正如它们所愿），因此所有电子都会被妥善地"照看"，几乎没有能够在原子之间移动的任何自由。这导致原子会和相邻原子紧密相连，而当材料弯曲时，几乎不可能会让它们彼此之间滑动。这就是为什么这些材料可以承受很重的负载，但是当负载过大时就会破裂。

让黏土成型

最简单的陶器来自遥远的古代。人类历史伊始，把玩黏土的工艺就一直陪伴着我们，并且至今仍然是我们文化的重要组成部分。我在读小学时，陶艺是我在艺术课上最喜欢的活动之一。事实上，我甚至不确定我们是否可以称之为

"陶器"，我想我们只能称之为"用黏土捏点儿什么"。我们每个人都会获得一块潮湿的红棕色黏土，闻起来很像泥土，用一些有趣的工具就可以将它塑造成一只动物或小碗，再把它放入烤箱里烧制，使之变成可以送给爸爸妈妈的礼物。

"黏土"是一个有着多种含义的词。日常生活中，它被用于定义厚重的土壤。从技术上看，黏土被归属为一类土壤，其中所有的颗粒都与灰尘差不多大小。形成黏土的晶体被称为黏土矿物，它是由固态岩石与地表水接触时崩解并风化后形成的。在原子层面上，黏土矿物是由坚固而超薄的硅氧层组成的。而在每一层之间，通常还有铝、钙或铁，但是黏土自身还有能力吸收层间的水以及其他元素。

▶ 陶器硬而且脆

在潮湿的黏土中，这些矿物不只是相互附着，还会依附于它们之间的水。这就使得潮湿的黏土可以被塑造成各种复杂的形状。当黏土物体在窑中被加热烧制时，水分会挥发，于是黏土矿物就会黏接得很结实，最终的陶器就会像石头一样坚硬。

在1.4万年前到1万年前这段时间里，陶生产从简单的造型发展到有实用价值的物品，例如砖块、瓦和罐。然而，烧制的黏土本身的不透水性尚有不足，无法长时间存放水或油。为了让陶变得真正防水，烧陶匠人就必须要熔化最外面的一层。或许第一批上釉的陶罐，就是在炉火中因为过热而被偶然制造出来的。后来，陶匠们学会了在烧制物品的表面涂上粉末，这样可以降低与之接触的黏土矿物熔点，在第二次烧制时使其表面熔化成为玻璃状，以此来为陶器上釉。在古代，这种罐子会被用来存储酒和油。如今，我的橱柜中也有表面上釉的陶制杯碟。我浴室里的肥皂盒与瓷砖，同样是一类上釉的陶器，它们都是由一种特殊的黏土混合了石英与长石的粉末后烧制而成的，这是从中国古代发展而来的一种工艺。

窗玻璃中凌乱的原子

在掌握了制作釉面陶器的工艺之后，看起来下一步自然就该是熔融整个陶制物品，从而获得完整的玻璃了。然而，知易行难，玻璃的生产需要非常极端的条件，从人类开始给陶上釉，到最终开始生产纯粹的玻璃，花费了数千年的时间。迄今发现最早的人造玻璃大约已有4500年的历史。

玻璃可以在自然界中被找到。火山喷发时，当熔融的岩石跑到空气中，并在原子结晶前冷却，就会形成玻璃。当板块之间相互摩擦并引发地震时，摩擦力会产生巨大的热量，以至于运动停止时，薄薄一层岩石会在熔化后迅速凝固。在这些岩石中，我们可以看到有着细小纹理的玻璃状物质。当巨大的陨石与我们地球的表面相撞时，高温足以将岩石熔化。所有这些过程的共同点在于，当温度高到足以熔化石头中所有矿物时，玻璃就形成了。当熔融体冷却得足够快以至于原子没办法再次变回有序的晶体时，取而代之的，就是它们会在随机的位置停止。这就是玻璃的本质：一种原子杂乱无章的陶瓷材料。

我家窗户的玻璃是用纯沙子制成的。这种沙子应该只由石英和长石构成，其中石英含有硅和氧，而长石还含有铝，以及钾、钠、钙或钡。石英和长石的混合物在温度达到2000摄氏度前并不会熔化——而且也几乎不可能建造出能够承受如此高温的熔炉。因此，添加从盐矿中提取的一种矿物——碳酸钠，就可以将熔点降至大约1000摄氏度。此外，还必须混入粉碎的石灰石，以防成品玻璃会溶于水。当这种混合物被加热时，二氧化碳就会从碳酸钠以及石灰石中释放出来，消失在空气中，这意味着成品玻璃的重量小于制造它的所有原材料之和。

玻璃吹制工在工作时看起来非常迷人。他们一遍又一遍地将玻璃悬挂到温度超过1000摄氏度的熔炉中，从而保持玻璃的光滑与延展性。不过，我们在日常生活中使用的玻璃多数都由机器制造

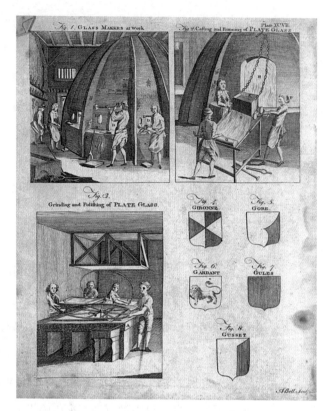

▲ 制造平板玻璃的工厂内部

而成。我橱柜中的玻璃酒杯是用模具制成的。而我客厅窗户上的大平板玻璃，是将熔融的玻璃倒在一盆熔融的锡上制成的。这样一来，玻璃流出后会形成均匀的平面，比任何固体模具制成的都要平滑。我汽车风挡上的玻璃在制作中会被更快速地降温，这使得成品玻璃材料中的原子相互紧挨在一起。这让它们更难被扯开，因此风挡玻璃并不会因一块鹅卵石的飞袭就被打碎。

玻璃的颜色和其他属性可以通过添加不同的微量元素来调整。许多玻璃酒瓶的绿色源于铁的氧化物。在我做千层面时，我用了一种含有少量氧化硼的耐热玻璃盘，氧化硼可以让玻璃在承受烤箱中的温度变化时不会开裂。通过添加铅元素，你会得到一种很容易被切割的玻璃，在用勺子敲击时，它会发出清脆的声音。不过，在使用非常精致的水晶杯喝酒时，你应当始终保持警惕，最好

A Glafs Houfe.

The GLASS-MAKERS at Work.

C.Grignion sculp

◀ 正在吹制玻璃的男人

别让你的身体摄入太多的铅。

　　玻璃不是只能在窗户、风挡玻璃和酒杯中找到，它同样还被用在一些我们最先进的通信系统中。通过添加合适的元素，加工厂可以控制光线通过玻璃的方式，而且玻璃也可以被拉抻成细长的纤维，可以用于远距离的光线传输。近些年来，一束束带有这种光纤的长电缆被沿着道路大规模地埋下，以便通过互联网将我们的家彼此相连，还能连接到世界上的其他地方。在未来，很多如今使用电子元器件与金属传输信息的场景，都将采用特殊的玻璃组件以光的形式进行传输。

　　与金属合金一样，分离出玻璃中混合的各个元素非常困难。因此，在被熔化并重新使用之前，将不同的玻璃进行分类就显得尤为重要。在熔炉中，哪怕只是少量种类不对的玻璃，都足以让炉中所有的物料全部报废。除此之外，玻璃非常适合被回收利用。它被熔化之后就跟新的一样可以再次使用。

从海藻到混凝土

　　第一种被使用的陶瓷材料——或许也是人类使用的第一个工具——是某个人从地上捡起的一块石头。我们生活在一个岩石星球上，供我们行走、攀爬或穿越隧道的岩石，其实也是一种陶瓷材料。岩石有着不同的变体，其中有一些会比其他岩石更适合用于制造工具与武器。燧石就是个很好的例子，它是一种很易于制造锋利工具的石头，可以在丹麦以及瑞典部分地区的海滩上捡到，或者从那些地区的石灰岩中开采出来。在美国俄亥俄州东部的阿巴拉契亚山脚下，也有丰富的燧石矿床。挪威只能在寒冷的季节通过冰将燧石运来，这使得燧石在早期被这里的人们当作热门商品。

▶ 石灰岩墙

　　石头从一开始就被用作建筑材料。依靠正确的技术，你可以把石头一块一块地垒起来，建造出相当先进的建筑。然而，当重力成为支撑结构的唯一要素时，建筑类型的选择范围就变得有些局限。当人们发现大石头与小石头能通过砂浆或水泥黏合在一起时，就为各式各样的结构提供了可能性。

　　第一种黏合剂由石灰石制成，我们在地球上的很多地方都可以找到这种岩石。多佛白崖上柔软而多孔的白垩石，奥斯陆歌剧院外墙上覆盖着的意大利大理石，还有建造帝国大厦所用的石头，都是各种类型的石灰石。石灰石由生物陶瓷材料的遗骸构成。在海洋中，微小的藻类漂浮在海面上。其中一些藻类可以形成外壳——一种由钙质和溶解在海水中的二氧化碳共同形成的微型晶态盔甲。生活在数百万年前的海藻也会做同样的事情，而当这些藻类死亡时，它们就会沉入海底，如同粉笔白色的尘埃落在逐渐增厚的海床上，与那些更大的贝壳还有珊瑚躺在一起。后来，气候与海洋发生了变化。海床上的贝壳被沙子与

▲ 奥斯陆歌剧院外墙上的大理石

泥土覆盖，而在接下来的几百万年里，它们逐渐被推入到地壳中，转化为结实的石灰岩。

由于藻类和其他海洋动物会用溶解在水中的二氧化碳构建外壳，而这些二氧化碳又是从空气中逐步进入海水之中，因此石灰石代表的就是过去大气中巨大的二氧化碳储量。如果石灰石被加热到800摄氏度以上，晶体就会发生分解，二氧化碳又会重新消散在大气之中。留下来的是钙和氧形成的粉末，如果与水接触，就会产生强烈的化学反应并释放巨大的热量。在这个过程中，产生的物质被称为熟石灰（氢氧化钙）。

熟石灰从空气中吸收与之接触的二氧化碳，并硬化成一种物质，本质上就是新的石灰石。将熟石灰与细砂混合，便可以得到形式最简单的石灰砂浆，你可以用它来黏合石头打造建筑，或是当作灰泥覆盖到石墙表面。掺有沙子和石子的熟石灰，就是最早的混凝土形式。

没有人知道人类是如何发现他们可以借助热量和水将石灰石转化为一种新的人造岩石的。普通的篝火并不足以让石灰石分解。或许是一场雷击，又或许是森林大火让地面上的石灰石转化成可以发生化学反应的熟石灰粉末，这引起了人们的好奇心，他们也由此发现了石灰粉与水接触后变硬的方法。最古老的熟石灰混凝土地板遗迹距今已有12000年的历史。这意味着，早在人类定居并开始耕种之前，它们就已经被建造了——大约与陶瓷技术开始蓬勃发展在同一时期。

我们甚至可以说，工业史发端于煅烧这一最早的化学工业流程。这也是人类第一次生产并管理大量的危险化学品。氧化钙的细粉具有很强的反应性，对于那些只能使用它的人而言，这可能会伤害到他们的皮肤与眼睛。要进行这些高级的操作，就一定需要很好的规划与合作。

角斗场中的火山灰

大约4000年前，米诺斯人作为克里特岛上的一个航海与贸易民族，拥有西方世界中最先进的文明之一。直到大约公元前1640年，地中海的圣托里尼岛爆发了一场史无前例的火山喷发，由此引发的海啸席卷了整个米诺斯贸易城，几乎将其摧毁。灾难之后，希腊人入侵并占领了古老的米诺斯领土，此后米诺斯的书写语言与文化便逐渐被遗忘了。

不过，我们并不是因为米诺斯人的传说或神秘著作才对他们感兴趣，而是因为他们独特的混凝土技术。米诺斯人很可能是第一批研制出水硬性水泥的人。尽管水泥与空气中的二氧化碳发生反应之前，熟石灰和水制成的砌石并不会发生硬化，但是水硬性水泥与水反应却会变得像岩石一样坚硬。这使得硬化的进程更快，也更可控，同时意味着混凝土可以被用于水下建筑，还能建造出远比纯石灰石更坚固的结构。

米诺斯人用石灰石和火山灰混合制成混凝土，而地中海地区有着大量的火山。火山灰由含硅和氧的细小颗粒构成，这些颗粒很容易与其他物质发生反应，这既是因为它们非常小，也是因为它们是由火山喷发后又迅速冷却的炙热物质形成的。当火山灰与熟石灰的混合物中添加了水之后，钙、硅和水就将结合在一起，形成一种坚固的材料，可以用来填充混凝土中沙子之间的空隙。通过这种方法，让混凝土变得既坚固又防水。

米诺斯人绝迹之后，他们有关水硬性水泥的知识也随之散失。大约在公元前300年，那不勒斯周边的罗马居民重新发现了这项技术，让它直到1000多年后才重见天日。

罗马人成了使用混凝土的专家。直到今天我们仍然可以看到，很多令人吃惊的标志性建筑中都使用了罗马混凝土，其中包括罗马角斗场、万神殿以及数不清的水渠和道路遗址。令人难以置信的是，这种混凝土即便是在2000年后仍然能够保持原样。

第一个由混凝土发挥主要功能的大型项目是恺撒利亚港的建设，位于如今以色列的北部地区。直到公元前4世纪，大希律王都是犹太的国王，他想建造一座规模宏大、足以容纳从罗马来的运粮船的港口。问题是，他所拥有的海岸线

▶罗马角斗场

不过是一段漫长的海滩，没有任何自然形成的群岛或河口能够在恶劣天气下为商船提供庇护。同时，由于他还缺乏优质建筑石料的本地来源，如果没有水硬性混凝土，那么建造一座合适的港口几乎是不可能的。

港口的建设需要大量的木材，这既是用于港口本身的建设，同时作为窑炉与熔炉的燃料，加工运输熟石灰的陶罐。大部分木材来自多瑙河北岸以及南岸被新征服的地区，其中包括达契亚王国（如今的特兰西瓦尼亚），罗马人也在那里开采过富饶的金矿。大希律王必须拥有数百个昼夜不停地运转多年的石灰窑，才能为建设项目提供足够多的混凝土。火山灰由那不勒斯的大船运送。熟石灰与水混合后被倒入陶罐中，然后装船。港口建成后，恺撒利亚成为犹太最庞大也最繁荣的城市——其规模与当时的雅典相当。

如今，这座港口沉没在海底12米深的地方。几个世纪以来，以色列海岸不断发生的地震使其逐渐沉入大海。

刮开云层的混凝土

随着罗马帝国的衰落，关于混凝土制造的知识再一次发生遗失，直到18世纪，水硬性水泥才重新开始被使用。在欧洲北部，没有任何如你在地中海所见那样大规模的火山灰沉积物，但是石匠们发现，如果将石灰石和黏土一同灼烧，他们就可以制造出在水中硬化的水泥。黏土被加热到如此高的温度，以至于矿物会发生分解，并产生一种容易与水反应的物质。燃烧后的黏土残留物，其品质与火山灰相仿，毕竟火山灰也是含硅矿物质经过剧烈加热之后得到的混合物。

如今生产出来的水泥，几乎都是基于英国石匠约瑟夫·阿斯普丁在1824年所申请专利配方的变体，他以"波特兰水泥"进行命名。这一名字指的是当时很流行的一种灰白色建筑石料：来自英格兰多赛特郊外波特兰岛的石灰石。这种新型水泥被宣传成"和波特兰岩石一样坚硬"。波特兰水泥通过将石灰石和黏土的混合物加热到1450摄氏度以上制成。在这一温度下，原材料中的矿物质发生分解，并产生一种非常不稳定的物质，当它与水接触时会迅速发生反应。最后一步是混入一些添加剂，例如很多工业流程中都会产生的石膏粉和灰粉，这样可以控制水泥硬化所需要的时间、硬化前的黏稠度或流动程度，还有成品的强度。为了制作混凝土，水泥会在浇筑之前与沙子以及石子进行混合。

水泥粉与水之间的反应会让水泥中的水呈现其基础性质（或者说碱性，与酸性相反）。这使得波特兰水泥成为一种可以与钢铁配合使用的优异材料。混凝土内部的碱性环境会一直保持到所有的水泥都反应完毕，这会在钢材周围形成一层致密的薄膜，防止钢材与水接触而生锈。如今，世界上绝大多数建筑都是由钢筋混凝土建造而成的。钢和混凝土的联合实现了很高的强度与弹性，以至于我们几乎可以创造出任何一种我们能够想象的结构，包括高耸入云达到900米的摩天大楼，还有世界上前所未有的超级大坝。

与此同时，钢筋的增强也让我们如今这种混凝土结构的预期寿命要比古罗

▲ 胡佛大坝

马人建造所用的材料短得多。当水泥中所有的颗粒都能与水发生反应时，水的碱性会降低，钢材上的保护涂层也会减弱。公平地说，这可能也需要很长的时间。在胡佛大坝（建成于1935年）等大型建筑中，这些反应一直持续到今天，也就意味着钢材至今仍然受到保护。而在尺寸更为常规的建筑中，不让水和钢筋接触尤为重要。

新浇筑的混凝土具有防水性，能够很好地保护钢筋。然而，在制作完成后的几个月或几年时间里，混凝土内部发生的化学反应会导致其开裂。这会使得混凝土变得更脆弱、多孔，从而让水能够渗透其中。当水触及钢筋时，钢筋便会开始生锈。铁锈占据了空间，将周围的混凝土向外推出，让更多的水得以渗入。如果这些过程能够在不受干扰的情况下持续下去，那么一座曾经坚固的桥梁，可能也会变成一座摇摇欲坠的建筑，或许会在毫无预警的情况下发生倒塌。想要能够从外部就看到钢筋的损坏，需要很长的时间，但是当你看到锈斑或开放式的大裂缝时，说明其破损已经非常严重。

如今，混凝土结构的预期寿命大约为100年。经验表明，海水中的盐会加速腐蚀，因此损坏也将提早出现，尤其是建筑上会被海水淹没或喷溅到的区域。我们的基础设施由越来越多需要在短短几十年内就维护或更换的结构组成，如道路、桥梁、大坝、机场、建筑地基、排水管道以及蓄水池等。与此同时，大量无法回收的混凝土还在生产之中，因为使用旧水泥生产新水泥依然是不可能的。

钢筋会生锈的问题，意味着混凝土工业一直在寻找钢筋材料的替代品。碳纤维、玻璃纤维或由塑料制成的纤维，可能在某些应用时非常合适，但是至今为止还没有任何替代品可以同时在价格与强度方面与钢材竞争。表面处理混凝土会让水更难从表面渗入，从而延长建筑结构的使用寿命。也有一些实验研究了自修复的混凝土，即水在通过裂缝进入后会引发反应，使裂缝再次封闭。

沙子是足够的吗？

在全世界范围内，我们一直都在生产着新的混凝土。直到最近，用于混凝土生产的沙子和石子还都是从靠近施工现场的地方采集而来的，无论是从河岸，还是从河流或冰川数千年沉积物质形成的砂石坑。河流中的砂石是用于混凝土的最佳选择。盐水中的沙子与石子必须要冲洗干净，否则残留的盐分会导致钢筋生锈。沙漠中的沙子，在全世界干旱的地区多有分布，虽然数量巨大，但因其过于圆润光滑也太过整齐划一，因此并不太适合使用。要生产出坚硬的混凝土，重要的是，既要有结实的大颗粒，还要有能够填补大颗粒之间空隙的小颗粒。圆而光滑的颗粒会让水泥很难恰当地黏附在颗粒的表面。

在过去的20年里，全世界的混凝土产量都在增加，这已经侵蚀了自然沉积

▲ 哈利法塔

的沙子与石子。在欧洲和美国东部人口稠密的区域，用于混凝土生产的大部分砂石都是通过破碎固体岩石制成的。而在世界的其他地区，使用沙滩和海底的沙子却变得越来越多。

砂石的开采并不是对环境没有影响，不管这些砂石源于何处，当松散的物质从河床上被挖起之后，便会改变河流的流动模式，这可能会导致开采位置的上游或下游出现更多侵蚀，并导致河流改道。从河底或湖底清理出大量的沙子，会导致周围地区的水位下降，并最终导致地下水的水位下降，使农业地区更容易发生干旱。从海床上开采沙子会摧毁那里的生命，而采砂船上那些旋转并溢出的小颗粒则会让海水变得浑浊，同样会干扰那里的生命。

在我们人类每年从地壳中挖掘的500亿到600亿吨固体物质中，沙子和石子占到70%到90%。其中，大约1.8亿吨用于工业，包括玻璃、陶瓷和电子产品的生产，其余则用于建筑。我们人类每年开采的砂石，相当于世界上所有河流搬运的两倍多。如此一来，我们实际上比所有自然地质过程都更能塑造地球的表面。

近年来，阿拉伯联合酋长国的迪拜开展了一些堪称奇观的建筑项目。在近海区域建造人工的"棕榈岛"和"世界岛"，需要耗费6.35亿吨沙子。如今，迪拜所有优质的沙子都已经被用完了。828米高的哈利法塔于2010年竣工，直到10年后依然是世界上最高的建筑，它所用的混凝土由澳大利亚进口的沙子制造而成。

新加坡是一个人口众多的小岛。1960年到2010年，其人口扩张为3倍，为了腾出空间建造更多的基础设施，该国已经开始向海洋延伸。如今，新加坡是世界上最大的沙子进口国，也是人均用沙量最多的国家。这些沙子是从印度尼西亚、马来西亚、泰国、柬埔寨等邻国进口而来的，这引发了非法采砂以及销售方面的冲突，也导致印尼水域24个沙岛宣称消失。

似乎像沙子和石子这样看上去微不足道的原料实际上也可能对地缘政治产生影响！优质的沙子资源不会再重生了，因此如果我们继续使用混凝土进行建造，就需要对更多这类性质的冲突有所预期，而且我们真的没有任何适合的替代材料来建造并维护我们的基础设施。我们已经生产出相当于其他所有建筑材料总和两倍的混凝土，却并没有任何东西足以替代混凝土。

生机勃勃的陶瓷工厂

在这个星球上所有的生命中，只有我们人类会使用极高温度的工业流程来生产并塑造我们的材料。没有其他任何生命会使用金属工具。尽管如此，动物、植物、昆虫和细菌仍然制造出一些我们迄今所知最坚固的材料。

生命体有能力生产出先进的陶瓷材料。例如，我们体内的细胞制造出了骨骼和牙齿，海胆的尖刺，还有我们从沙滩上发现的贝壳内部知晓了珍珠母，它们都位列世界上最坚固的材料之列，尽管构成它们的晶体同样构成了柔软多孔的白垩。这些物质是由控制细胞内外化学过程的动物创造而来的。它们可以决定形成什么类型的晶体，并控制这些晶体如何生长。在组合钢铁与混凝土这样迥异的材料时，我们寻求强度和弹性的兼得，而这些生命体则通过组合有机分子与无机晶体来实现同样的目标。

如果我们能够重新创造出地球上已经由生命制造出的材料，那么我们就可以制造出比现在更优异的材料——而且只需要耗费一小部分的能量。这是目前一个重大的研究领域。

就连我自己也在研究如何利用细菌来开发石灰混凝土。毕竟，石灰石最初就是由活着的生命体形成的。我们正在开发的混凝土中，没有合适的化学成分可以让钢材实现增强，但是如果我们找到合适的有机物纤维添加到混凝土中，那么它就有可能成为未来大型建筑的材料。我们还尝试开发一种混凝土，当老旧的建筑被拆除时，这种混凝土可以被破碎并溶解，于是砂石就可以被用在新加工的混凝土中修建新建筑了。

这种细菌混凝土是一种可能的替代品，让我们能够在未来建造时不必像今天这样消耗能源并排放二氧化碳。我们在项目中花费了很多时间，讨论我们做出的选择会如何影响到未来的环境和资源利用。虽然我们距离目标仍然还有很多路要走，但我还是很高兴通过我的研究为文明的未来做出努力，哪怕它成功的概率并不高。

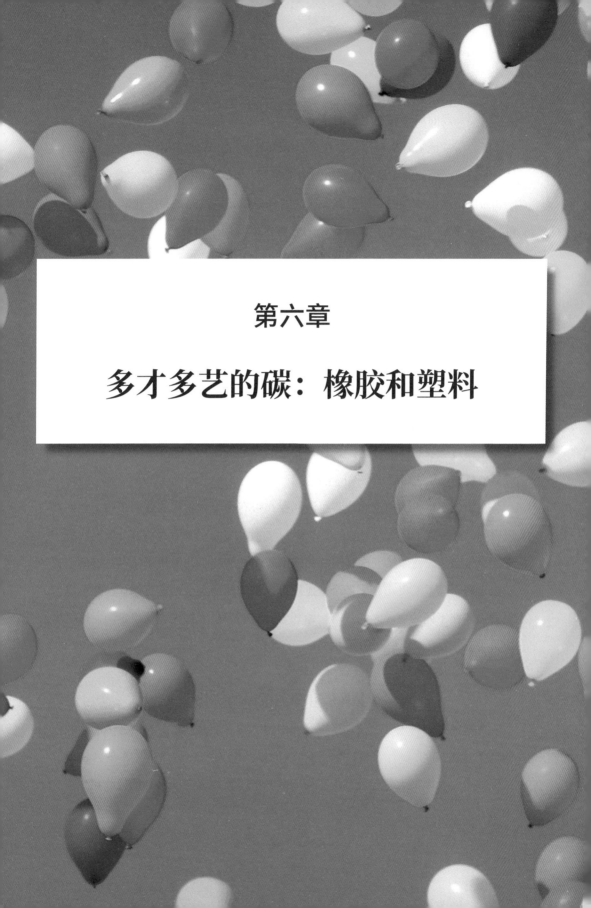

第六章

多才多艺的碳：橡胶和塑料

每隔一段时间，我在上班的路上都会顺路去一趟医院。我坐在舒适的椅子上，随心所欲地喝着苹果汁，看着一根粗针头扎入胳膊上最粗的血管里。献血，是一种快速而简便的途径，让你感觉到正在为重要的事情做出贡献。

当然，这也意味着要用很多一次性的采血设备。首先是给皮肤消毒的小药包。接下来还有注射器、血液流经的软管，以及用于血液测试的四五根试管。一次性使用之后，所有的东西就会被丢弃在一个大袋子里，随后被送到医院的焚化炉。

这对医疗系统而言具有重大的意义，因为这些设备仅仅用于一次任务就被丢进封闭的容器中焚烧。如果所有的手套、口罩以及尿布都必须重复利用，那就必须建立一座庞大的消毒管理设施，其中包括水资源、化学品和能源的巨大消耗。这就是如今我们使用合成油基塑料以前的状况。玻璃注射器、钢制的肾形碗以及棉质的绷带，每一次使用之前都必须进行消毒。血液和静脉输液从玻璃瓶中通过橡胶管输入体内。这种橡胶也需要进行消毒才能重复使用，但它很容易破裂，重复使用时很难保持清洁。

在第二次世界大战期间，将血液储存在带有橡胶软木塞的玻璃罐中（顺便说一句，这种罐子从来都不能彻底密封），这使得血液的储存或将其分发给伤员都变得很麻烦。血库第一次真正的突破出现在1950年，当时用于储存血液的软质阻水塑料袋被开发出来。如今，血液可以被方便而安全地进行储存，并可以根据需要在不同的血库之间进行运输。为有需要的患者提供如此稳定的血液供应，对于开发各类疾病和伤害的方法至关重要。

天然橡胶和令人敬佩的硫化

在石油基塑料出现之前，当你需要耐用、防水而坚固的材料时，天然橡胶就成了最重要的原料。橡胶由非洲、亚洲以及南美洲一些热带树木的汁液制成。如今，大多数天然橡胶都由东南亚的种植园使用来自亚马孙的橡胶树生产而来。

橡胶从南美洲向北美洲与欧洲正式的出口始于18世纪末，而这种新产品很快就找到了很多新用途。作为一种纺织涂层，它被用于制作雨衣、橡胶软管和汽车轮胎。用橡胶垫圈密封的玻璃罐（就像我们在某些品牌的罐子中所看到的）从19世纪中期开始制造，让私人也可以在没有冰箱或冰柜的条件下保存夏季的水果与浆果。杜仲胶是一种来自东南亚的硬型天然橡胶，可以被制成瓶盖和高尔夫球，它也是理想的电线绝缘材料。1851年，在第一条海底电缆连接英格兰多佛与法国加莱以及1866年另一条跨大西洋电缆的铺设过程中，它都发挥了重要的作用。

▲ 橡胶提取

作为一种由大分子组成的材料，橡胶中的每一个分子都包含了数以万计的碳原子。这些原子之间有一种特殊的成键能力，两个原子之间可以相互分享出一个、两个或三个电子——由此形成了一个、两个或三个共享电子对。这样的变化使得碳能够以无数种结构类型出现：从直链或支链结构到环状、片状或管状结构。这些碳结构，连同氧、氢以及少量其他元素，构成了我们和所有其他生命身体中的大部分物质。它们被统称为有机分子。

天然橡胶的强度高、弹性大，这是因为它由盘绕的长长的碳链所组成。当材料被拉伸时，这些链中的每一条都会被拉直，并滑过邻近的链，导致一整块橡胶改变形状。然而，纯天然橡胶很容易受到环境温度变化的影响，这就使得它在很多应用中并不合适。当天气寒冷时，碳链会变得更硬，使它们很难再从邻近的分子上爬过去。这会让材料变硬变脆。而当天气炎热的时候，天然橡胶会变得很柔软，更容易弯曲，但也会变得更黏稠。

19世纪中叶，化学家们发现了如何改善天然橡胶的性能。如果他们加热橡胶与硫黄的混合物，橡胶就不会像平常那样熔化。相反，它会变得更硬，也更具有弹性，受冷和热的影响更小。这一过程后来被称为硫化，在持续到19世纪

▲ 硫化橡胶轮胎助力了汽车的发展

的"橡胶热潮"中，引起橡胶用量的急剧增加。如今，橡胶可以被用作自行车轮胎，对于成千上万的自行车新骑手而言，自行车的骑行因此变得更为舒适。由硫化橡胶制成的汽车轮胎，帮助奠定了私人汽车产权的新兴市场基础。硫化橡胶也可以用于管道和垫圈，并在电报、电话和电力线路中提供了优异的电气绝缘性。

然而，对橡胶巨大需求的另一个后果是，在刚果至少有1000万人因此而丧生。当时，刚果自由邦由比利时国王利奥波德二世私人控制。他通过出售刚果象牙获利，而在19世纪，象牙被用于生产刀柄、台球、梳子、钢琴键、棋子以及鼻烟盒之类的常见物品。尽管如此，他的收入仍不足以填补他在刚果投资累积下来的巨额债务。

当橡胶热潮兴起之后，市场上大部分橡胶都来自橡胶树种植园。橡胶树需要几年的生长时间才能足够成熟以割取橡胶，但是在刚果，橡胶却可以从丛林中自由生长的藤蔓上获取。因此，为世界市场生产出大量橡胶，唯一需要的东西就是劳动力。比利时人实施了严厉的措施，让刚果人民开始工作。他们会将村子里的所有妇女儿童都扣押为人质，直到男性村民送来一定数量的橡胶。无论男子、妇女还是儿童，都有可能因为没能达到橡胶的配额而被砍掉手脚。直接杀害以及饥饿、疲劳与疾病这样的间接伤害，导致了数百万人的死亡。这些暴行的细节，很少能让那些骑着橡胶轮胎自行车的西方人看到。

一开始，并没有人理解为什么橡胶在用硫黄加热之后就可以获得如此优异的性能。如今，化学家们已经知道，硫原子会附着在加热的含碳分子上，形成跨越单个碳链的微小硫桥键。橡胶原本表现得像是一把煮熟的意大利面，每一条链相对于其他链都可以自由移动，怎样变成一个刚性的分子链网络，并在许多位点上都能相互连接，正是出于这个原因——就好比一团纱线如何变成了一件紧密编织的毛衣。在我们自己的身体里也可以找到同样的原理。我们的指甲与趾甲都是由角蛋白构成的，而角蛋白也是由硫原子以交错的方式将长碳链键合在一起形成的。

硫的含量越高，连接点越多，就会得到更为坚硬的材料。制造自行车与汽车所用的橡胶轮胎，其硫化过程会使用3%到4%的硫黄。如果硫的含量增加到一份硫黄对应两份橡胶，那么最终产品就会变得异常坚硬。这种材料被称为硬橡胶，因为它们和乌木非常相似，最终产品被用于批量生产钢笔和假牙等这类硬质物品。

从木材到纺织品

树木，是自然界的摩天大楼，它们的硬度与强度主要源于两种含碳的大分子：纤维素与木质素。当很多环状的葡萄糖分子通过强有力的化学键连接在一起时，纤维素就在树木内部的机制中形成了。当分子由更小的重复单元（如纤维素中的葡萄糖）构成时，它们就被称为聚合物。而且，世上还有无数种天然聚合物，人类也不例外：我们的DNA，构成了我们所有的基因；我们的蛋白质，赋予身体结构与功能；还有我们指甲中的角蛋白也都是聚合物。

一个纤维素分子可能包含数千个葡萄糖单元，这些葡萄糖被组装成一条长直链。在树木中，这些长纤维素构成的纤维提供了强度与抗压能力，所以树木不会因风而折断。纤维素与支链聚合物木质素相结合，将纤维素分子保持在原位，就如同人类建造摩天大楼时用混凝土将钢筋固定在原位一样。木质素与纤维素的结合，再加上树木中植物细胞的结构，赋予了木材独特的性能。这些性能足够可靠，故而我们可以用它建造房屋、桥梁、家具、工具和纸张。

与天然橡胶一样，纤维素理论上也应该是一种非常适合制造其他材料的分子。然而，用化学方法处理纤维素却很困难。纤维素不溶于水，加热后又会分解转变成烟。直到有人——或许只是无意之间——发现纤维素能与硝酸和硫酸反应并形成硝化纤维素这种易燃物质时，纤维素才能被用于初始纤维以外的其他用途。硝化纤维素可以被制成一种坚硬的材料，然后通过模具制成纽扣、梳

▲ 电影胶片的基础材料是硝化纤维素

子以及刀柄等物品。这些物品在此之前都是由不菲的原料制成的，例如金属、牛角、象牙或龟壳。硝化纤维素最初的主要市场是用于台球，在那之前，台球都是由象牙制成的。由于这种新材料的发明，许多大象可能因此而幸免于难。

另一种以硝化纤维素为基础的材料被称为赛璐珞（也被称为硝酸胶片），在电影诞生时被用于制作胶片。然而，硝酸胶片的一大缺点是极易燃烧，而且它本身就含有足够的氧元素，即便没有任何外部的氧气供应，它也一样能燃烧，这就意味着它即便在水下也能持续燃烧。这导致电影院发生了火灾。电影技术人员必须接受消防安全方面的特殊培训，直到另一种更为安全的纤维素胶片在1950年前后普及，伦敦地铁上携带电影胶片都是违法的。如今，赛璐珞依然被用于一些油漆、清漆、指甲油以及炸药之中。

后来，人们发展出将纤维素溶解在水中的化学方法。当这种溶液通过一个狭小的喷嘴被挤压喷出时，就会形成一种叫粘胶的强力纤维。从化学上讲，粘胶纤维与棉花有诸多相似之处，而且粘胶纤维也可以被织成很有舒适感的织物，用在很多服装中。当用作纺织品时，粘胶通常被称为人造丝。与此相同的水溶液被压成薄层时，则会形成一层被称为玻璃纸的透明薄膜。这种薄膜能耐潮湿和油脂，而且还抗菌，因此非常适用于食品储存。

过去的塑料

牛油果、黄瓜、灯笼椒、西红柿、碎牛肉、冷冻鱼片、酸奶、帕尔玛干酪、玉米饼：几乎所有我们能在杂货店里买到的东西都会用塑料进行包装。有的时候，塑料又厚又软，但有的时候，它却很薄，几乎吹弹可破。有的时候，它甚至还会有凹槽，根据形状和大小专门压模，这样每一个牛油果都可以放在各自坚固的塑料杯中。塑料可以避免摩擦与其他损伤，阻止内部的水分与氧气损耗，而且还是可以将霉菌、细菌与病毒拒之在外的屏障。如果没有这种包装，就很难将食品从它们的生产国运送到我们当地的店铺。尽管我购物袋中的一些塑料袋并不是必要的，不过适当的包装还是可以防止食物在运输过程中变质，不必在抵达商店或厨房案板后就被丢弃。

每当想起各式各样的材料可以由生机勃勃的动植物所形成的含碳分子制造而成，实际上就只有我们的想象力会限制我们。然而，我们周围充斥的廉价塑料并非来自如今地球上生长的任何生物，也许我的牙刷的组成部分早在数百万年前就已经存在了。

植物和动物在死亡后并不总是会化作泥土。当有机物最终进入沼泽、湖底或是海床上时，通常就没有足够多的氧气以供微生物去分解所有的含碳大分子。随着时间的推移，生物的遗骸会被埋在越来越厚的层层尘土、沙子或砾石之下，并被挤入地壳中。在那里，压力与温度都会上升，含碳大分子开始分解为更小的碎片。在大约位于3千米深的位置，分子会变得足够短，原本是固体也因此开始变为液体，海藻以及其他生活在海洋中的微小生命，其残骸就会变成石油。此外，当有机材料被加热时，总是会形成一些小分子，这些小分子就变成了我们所说的天然气。诸如恐龙和树木这样大型的生物，其残骸很少会实现这一点，它们会变成煤炭。

当人类开始开采石油并将其用作能源时，许多化学家开始进行实验，利用石油中发现的含碳化合物制造出塑料材料。1907年，比利时裔美国人里奥·贝克兰成为第一位成功利用这些化石原材料制造出塑料的人。他在自家后院一间定制的实验室里完成了这项工作，并且坦然地用自己的名字给这种材料起了个"贝克石"（Bakelite）的称呼，也就是胶木。胶木坚硬且可塑，可以被广泛用于电气元件的绝缘体以及汽车零件、电话与牙刷，等等。

渐渐地，几乎无穷无尽的合成（或者说是石油基）塑料材料种类被开发出来。所有这些材料都有个共同点，那就是它们可以变得异常坚固，比任何基于天然原料的同类竞争品都要更便宜，而且这些产品可以批量制造。纤维素聚合物已经在一些产品中替代了诸如丝绸、象牙和牛角这样的天然聚合物，到了现

▲ 我们的生活已离不开各种各样的塑料制品

在，这些合成材料更是几乎占据了全部市场。20世纪，塑料材质的应用扩展到注塑塑料、塑料薄膜、纤维、层压板、黏合剂与表面涂层等领域。

塑料材料并不一定完全由含碳的大分子构成。它们通常还含有其他一些材料，例如烟尘颗粒、石灰、黏土或木屑，所有这些都为材料提供了强度或其他特性。将不同类型的纤维混合到塑料中也很常见，其原理就如同钢筋被引入混凝土结构之中。有个非常好的例子是将玻璃纤维用在聚酯或环氧树脂这样的塑料材质中，然后再被用于铸造高强度而轻质的物品，例如帆船船体与风力涡轮机叶片。

如今，每年大约有4亿吨塑料被生产出来。相比之下，全世界每年消费的石油超过40亿吨。也就是说，塑料产量占了我们从地下开采出石油的十分之一。与此同时，我们在过去150年里已经制造出的塑料总量开始变得举足轻重——而且是在我们能看到的每一个地方都引人注目。

垃圾岛

新西兰和智利之间太平洋的某个地方，有一座亨德森岛坐落其间。这个无人居住的天堂被列入了联合国教科文组织（UNESCO）的世界遗产名录，被命名为具有杰出普遍价值的地方，因为它是地球上为数不多生态系统几乎不受人类干扰进行演化的环礁之一。

亨德森岛是皮特凯恩群岛的一部分。离它最近有人居住的岛屿就是皮特凯恩岛，岛上居民大约有50人，他们的祖先曾在1789年抢夺了英国皇家海军的"赏金号"。当地居民每年都会出海几次，前往110千米外的亨德森岛收集木材，但除此以外，亨德森岛就无人问津了。距离它最近成规模的人口密集区也在5000千米以外。

太平洋并不只是一个巨大的水体，它还拥有宏大而稳定的洋流。这些洋流将海水沿着南美洲海岸向北输送，然后又沿着赤道向西改道，接着又转向南，再沿着南极洲向东移动。海水中的物体会随着这些洋流而运动，最终往往会抵达这个巨大回旋图案的中心。亨德森岛就位于大回旋海水团的外围，而这片海水团则是所有那些已经被丢失或遗忘之物的聚集地。

我们知道海洋中有很多垃圾，但是想要确定到底有多少却很困难。2015年，有一支研究团队前往亨德森岛上清点垃圾，而他们之所以选择该岛也是因为岛上无人居住，很少有人造访。因此，海滩上所有的垃圾肯定都来自海洋，由于没有人在那里进行清理，因此垃圾的数量就将反映出曾被冲到岛上的一切事物。

研究人员花费近3个月收集并清点垃圾后，得到答案：这座长宽分别为8千米和5千米的岛屿上，其海滩上覆盖了3770万片垃圾。垃圾如此密集，以至于海龟都很难筑巢，幼龟也很难出海，寄居蟹用罐头皮充当外壳。

在亨德森岛上发现的残骸中，只有千分之二是由塑料以外的材料制成的。金属会下沉，而塑料却会漂浮。木材与纸张会被微生物分解，然而将天然聚合物制成这些坚固耐用的材料，即便塑料是由相同的分子制成的，其化学过程也使得地球上的生命难以将它降解成它的构造组分。我们制造的塑料可能会在地球上存在数百年乃至数千年。

我们将如何处理所有这些塑料？

避免让塑料最终流入自然界，这很难做到。我经常会在我的家乡奥斯陆看到它——举个例子，人们将他们的酸奶杯和汉堡包装纸扔进公共的垃圾桶里，乌鸦又把垃圾拖了出来，吃掉里面剩下的食物。这些包装随后就只是这样被扔在地面上。塑料也会通过农业进入自然界，那些捆扎干草的塑料带并不能总被恰如其分地收集，再被送去循环再利用，而在捕捞及养殖渔业中，渔具也会被遗落在海洋里。在亨德森岛发现的塑料中，有6%来自渔业，同时还有高达11%是塑料颗粒（塑料母粒）——轮船上装载的塑料小颗粒，从那些以石油生产塑料的工厂运到那些制造塑料袋和园艺工具的加工厂。

那些没有被冲上海滩直至埋到沙子里的塑料会被鸟类、哺乳动物和鱼类吃

▲ 即将被回收利用的塑料垃圾

掉。2017年的冬天，一头胃部携有40多个塑料袋的鲸在挪威海滩上搁浅。它非常虚弱，不得不被实施了安乐死。自然界的许多塑料都会被撕成越来越小的碎片，而这些碎片会被海洋中最小的动物吃掉，然后沿着食物链向上移动，最终进入我们自己的盘子里。这就是我们的垃圾最终如何进入了我们自己的身体、血液乃至细胞之中。

如果我们能够将所有用过的垃圾简单地收起来并加以回收，那当然是最好的。很多国家或地区都已经建立了用于收集废旧塑料的系统。在奥斯陆，我们用蓝色的袋子处理塑料废弃物，再将这些袋子送到德国，在那里被分成不同的类型，其中一些会被熔化处理成新的塑料，但还有一些会被转化为化学品。不幸的是，塑料不太适合回收利用。当很长的聚合物链在结构网络中被捆绑在一起时，想要把它们再撕开恢复成原来的组分就不可能了。然而，如果聚合物分子彼此之间没有形成化学连接，有些塑料至少还可以被熔化并重新使用，只不过大分子通常会在高温下分解。还有一个问题是，我们送去回收的塑料中包含太多类型的聚合物。这些不同的聚合物，具有各不相同的性质，不能混合在一起制成可用的材料。如今，当塑料被回收利用时，它在很大程度上会被分解成越来越短的分子，直到它只适合用来焚烧。

不过，焚烧废旧塑料并不一定就是一个差劲的解决方案。构成塑料的含碳化合物蕴含着很多能量，就跟制造出这些塑料的石油一样。当我们用一部分石油制造塑料直到将其焚烧时，我们实际上已经从中获得了比一开始就焚烧更多的好处。当然，我们确实想停止燃烧石油，从而限制化石燃料的碳继续向大气中排放，但我们直接燃烧的石油，其总量远远超过我们用于制造塑料并有可能最终焚烧的石油量。

更大的问题在于，塑料燃烧不够彻底。我们都被警告不要在壁炉中焚烧塑料。在低温焚烧时，它会分解成中等大小的分子，这对我们和自然界都有害。为了安全地焚烧塑料，这个过程必须要在高温的工业炉中进行，并配备安全有效的过滤网以避免排放。

可降解塑料已经被引入作为另一种解决废弃物问题的方案。能被微生物分解的塑料，可以由化石原料制成，也可以由纤维素这样的可再生材料制成。目前的挑战是要制造出一种性能（强度、耐用性以及隔水阻氧性能）符合我们所需的材料，并且在被使用后还要能被微生物分解。此外，我们今天在市场上能看到的一些可降解塑料十分可怕。它们可以被分解到我们的肉眼无法识别的状态，但在显微镜下却能看到这些被称为"微塑料"的小塑料颗粒，它们依然保留在土壤之中。为了使可降解塑料对环境安全，聚合物必须要能被分解成小分子，且这些小分子在土壤和水中就已经天然存在。

可降解塑料被制造出来并不是用于回收利用，而是能够被使用、被处理。一旦应用了，它们也不会给我们带来新的材料或能量。可以被微生物吃掉的塑料，应当被保留用于我们确信自己无法回收所有废弃塑料的条件下。而在其他应用中，如计算机和手机，生产所用的塑料可以被回收或再利用则更为重要。

后石油时代的塑料

塑料无处不在。我的牙膏管、厨房用品、家具、衣服、自行车、汽车、滑雪板、手机与计算机中都有塑料。在我们开始使用石油基塑料之前，曾有数百万只海龟、大象以及人类被杀，只是为了满足我们对聚合物材料的需求。当时，地球上大约有15亿人。如今，我们拥有超过70亿的人口，并且根据估计，到21世纪末，塑料产量将增加到每年10亿吨。生产如此多的塑料，就将需要目前石油年产量的四分之一。如果我们不得不停止使用石油制造塑料，又将会发生何事？

我们已经用纤维素和其他天然聚合物制造了塑料产品。今天，已经有一些方法可以制造出纤维素的单纤维，而它可以和其他聚合物结合，以提供强度极高的材料。类似的强力纤维还可以由甲壳素制成，而甲壳素可以从虾壳与螃蟹壳中找到。研究人员还致力于利用木质素（我们从木材中获得的另一种大分子）和植物油一道加工聚合物，以制造出塑料产品。这些原材料在自然界中比天然橡胶与杜仲胶都要丰富得多。理论上，我们应该有可能用天然原料生产出我们需要的所有产品。

我们还可以利用微生物为我们制造出更新奇的聚合物。我们已经能够买到使用乳酸制成的塑料，而乳酸则是由细菌或真菌在消化了糖或淀粉后形成的。其他一些细菌则可以制造出优质的纤维素纤维。当研究人员研究那些生活在极端环境下的生命形式时，比如在火山内部或深海之中，他们发现了足够强壮的微生物可以在工业过程中发挥出优异的功能。生物技术的最新进展，让我们有机会控制细菌与真菌的基因，让它们能够生产出更多我们想要的物质，甚至是创造出新材料。

如今，科学界和工业界面临的挑战在于，探索利用可再生资源生产材料的所有可能性，正如过去一个世纪以来石油产品所经历的状况。与此同时，我们需要弄清楚如何获得足够多的植物原料以生产我们所需的塑料，同时还不会让生态系统超载，也不会以牺牲粮食生产为代价。如果我们能够做到所有这些，那我们的后代也可能会享受塑料今天为我们带来的所有好处。

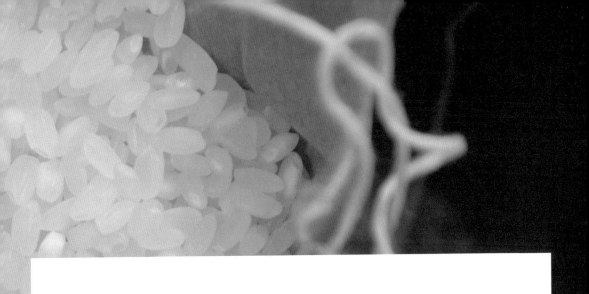

第七章

钾、氮、磷：给了我们面包的元素

我们利用地球上的元素来建造我们身边的一切，这似乎已经成为既定事实。但是，我们可能很少考虑到这样一个事实，那就是我们需要利用那些来自岩石、水和空气的元素构造我们自己。我们实现这一点，是通过提取这些元素并将其转化为人造肥料，使之成为植物的一部分，而当我们食用这些植物或当我们食用以植物为食的那些动物时，这些肥料随后又成了我们身体中的一部分。市场上最常见的肥料被称为NPK，或者叫"氮磷钾"，这是因供养植物最重要的几种元素名称而得名的：氮元素（简写为N）、磷元素（简写为P）和钾元素（简写为K）。

我们文明中使用的其他大多数元素都可以在必要时与他人交换，例如打造工具的铁、用作电线的铜以及用于支付的黄金。然而，粮食生产却是另外一回事，没有氮、磷、钾，我们就无法生存。

死海之旅

2016年夏天，我第一次造访以色列去参加一个欧洲研究项目的会议，以色列是该项目的合作伙伴之一。为了将研究人员召集到一个可以让我们不受城市或大学环境中一切事务干扰的地方，以便我们能够紧密合作开展为期一周的工作，我们在以色列的合作伙伴决定将会议安排在死海的一家酒店召开。

因为我过去从未去过这个地区，所以在我们启程之前，我就查阅了谷歌地图，确认一下我们要去的地方。简单来说，这片区域看起来很奇怪。死海被一片狭长的陆地一分为二，从而形成北面一片湖，南面还有一片湖。北湖看起来像是一个被沙漠包围的普通湖泊。但是南湖却是我从未见过的样子：它被划分成不同的区域，以直线分割，就像一垄一垄的耕地一般。两条线之间的湖水颜色从绿松石到深蓝色不等，以色列与约旦的国境线穿过湖心，以一条宽厚的陆地为标志。我很好奇这样的图案究竟意味着什么。

在特拉维夫观光了几天之后，我开始了前往死海的巴士之旅，穿过一片干旱平坦的沙漠之后，一直来到悬崖的边缘。从这里开始，道路拐出了一个急转

▲死海

弯，朝着一汪宛如蓝色与绿松石色拼布床单般的湖泊延伸——与我在照片中看到的一模一样。当经过一个告知我们已经抵达海平面的告示牌时，前方还有很长一段路要走。直到最终抵达谷底，我们经过了一座有着大型储罐、传送带和管道的大工厂。湖中的直线，原来就是长长的堤坝，巨大的机器在一片片蓝绿交织的湖水之间穿梭。

　　的确，死海的南湖与北湖并不相同。它曾经是一片大型的连通的湖泊，但是由于湖水的流入量始终与蒸发量相同，因此湖面保持在海平面下大约400米的水平线上。这一情况在20世纪60到70年代时发生了变化，以色列在那时修建了抽水设施并开始将过去流入死海的水资源分流到用于农业和城市的管道中，约旦和叙利亚也紧随其后。如今，死海的水平线比抽水站建成前又低了40米。近年来，水位每年都会下降1米。如今，湖的北半部与南半部已经被一处曾经是岬角的位置彻底分开了。南湖部分的大多数地方，最深的地方也不过几米，已经被改造成一座巨大的矿产开采设施。由于自然蒸发，死海中的湖水已经比地球上其他海洋和湖泊咸得多。当水被转运到浅水池后，蒸发还会加速——就好比你把衣服晾起来，衣服会比留在湿衣服堆里干得更快一样。蒸发只会发生在水面上，太阳对湖水加热，使其以水蒸气的形式消散在空气之中。随着水量的减少，溶解在其中的盐就开始以晶体的形式沉淀。首先生成的是氯化钠（常见的食盐），然后就是氯化钙（通常用作道路融雪盐）。这些晶体沉入水底并在池子底部形成盐壳。这时再将水抽到下一个蒸发坝上，光卤石晶体这种令人觊觎的矿物会在那里形成并被刮下，送往湖边的加工厂。光卤石很有价值，因为它含有钾，可以被用作肥料。植物需要有钾才能生存——就像我们人类这样。

我们神经中的营养成分

钾是一种易溶于水的元素。它通过向水中另一个原子发射一颗电子（这颗电子也渴望摆脱钾原子）实现了这个特性。通过这种操作，钾可以携带正电荷随处漂浮，周围环绕着一大群水分子簇。在人体中，钾对于那些通过我们神经通路传输的电信号起着很重要的作用。当我眺望着死海时，照射到我眼睛里的光线引发了一种反应，反应发生时，视神经中的微小通道允许钾流入并流出神经细胞。这种脉冲通过视神经一路传递到我的大脑，而在大脑中，类似的钾信号以闪电般的速度在我的脑细胞之间传递，从而将死海的图像存储在我的记忆之中。

由于钾是水溶性的，因此当我们出汗、便溺或哭泣时，我们的身体都会不断地流失一些钾。我们将其重新摄入体内的唯一方法，就是食用含钾的植物，或者食用那些吃过含钾植物的动物。当植物从它们生长的土壤颗粒之间吸收水分时，钾元素就会通过根系进入植物内部。如果这些水分不含钾，那么植物也就无法正常生长。

当植物和动物死亡时，遗体留在地里，就会被大大小小的生物分解。随后，活体植物的根部逐渐吸收死去生命中的那些营养。这样，钾就可以无限期地从

一种生物循环到另一种生物。不过，如果我们只看一个特定的区域，比如森林
这个说法就不是完全准确。毕竟某些营养成分会不可避免地从特定区域消失。
例如，动物可以吃森林中的植物，却又在其他地方死去；树上的叶子会被风吹
走；土壤和动、植物的遗体以及它们所含的营养物质会通过小溪与河流被输送
到大海。

在很长一段时间里，森林中钾的流失会导致那里的生命出现衰退。幸运的
是，钾还有另外一个来源——那些供森林树木生长于其上的岩石。基岩中含有
很多生命所需要的营养物质。这块岩石，或许曾经是海底在很久很久以前散布
的另一片森林的微观遗迹。当岩石风化时，它会发生解体，不同种类的真菌与
细菌可以作用在越来越小的矿物颗粒表面，并释放出岩石上的生命，保持生长
所需的营养物质。损失也是不可避免的，但只要损失量不超过岩石风化所提供
的营养物质，那么这一片区域的生命确实可以永远地持续下去，直至永恒。

然而，我们人类从事农业的状况却与之大相径庭。在田野里种植谷物的全

部目标，是为了让植物从太阳中吸收能量，从空气中吸收碳元素，从土壤中吸收营养物质——然后再将它们从田地里运送到人们居住的地方。在耕作后的土壤中，通过基岩风化释放营养物质的速度太慢，也就无法替代不断从土壤中被移除的营养物质。我们可以通过植物堆肥或以动物粪便施肥的方式来恢复土壤的肥力，但这仍然难以补充足够的营养物质以弥补我们生产食物时带走的一切。

我们能做的是，让空气、水和山脉中的养分更容易被植物利用，由此帮助大自然维持土壤生产食物的能力。这也就是我们所说的化学施肥。借助于控制如何将这种养分施加到土壤中，我们人类已经摆脱了对地球上所有其他生物都适用的基本限制。但这真的就是未来的解决方案吗？我们是否有可能耗尽其中一些元素？

从水中而来的钾

钾在我们周围无处不在。它可以溶解在地球表面的所有水中，甚至包括雨水。咸味的海水中，所含的钾量远远高于河流与湖泊中的雨水或淡水，但海洋中钾的浓度还是太低，不值得尝试直接将其提取。为了制造化肥，我们需要钾含量特别集中的来源。

如今的钾是从海水已经蒸发数千年的地方提取而来的。这些沉积物，多数在地下被发现，它们形成厚厚的盐层，是早期盐湖的遗迹。如果盐层靠近地表，就可以像其他采矿操作那样进行挖掘。然而，许多矿床实在太深，机器必须要在地壳中挖掘约800米以上，所以采矿作业变得异常昂贵。由于钾很容易溶在水里，因此可以通过将水抽入深层盐层完成这一挑战。当水回到地表时，它已经携带了盐分，可以沉积到浅水的蒸发池中。从这里提取盐分就和死海中相同。在卫星图像上，这些钾盐矿看起来像是被蓝色与绿松石色池塘包围的工厂——美丽却毫无生息。加拿大是世界上最大的钾生产国，接下来是俄罗斯、白俄罗斯。人类开采的钾，只有5%用于肥料以外的用途。

尽管地质报告中指出，钾的储量仅够维持一百余年（以如今的消耗速度计算），但是估测的资源储量实际上足以生产数千年的钾。不过，其中大多数都位于地表以下非常深的位置。未来的挑战不是找到足够多的钾，而是需要有足够多的能量和水能提取出可用的钾。

有些国家非常幸运地拥有丰富而洁净的水资源。不过，在世界上很多地区，水都是一种稀缺资源。在我游览死海的时候，我曾看到酒店周围的鲜花、树木以及草坪如何从供应工业废水的管道网络中汲水：每朵花都对应着一个孔，还有一块带有骷髅头的大标牌，以阻止口渴的游客饮上一口。

我们需要清洁的水供人饮用，供粮食生产，但也需要将其用于肥料生产，以及从地球上开采金属和其他原材料。大自然通过两种方式为我们生产洁净水。一种是阳光促使水从海洋（或从钾盐矿的蒸发池）中蒸发。水蒸气随着气流输送到陆地，以雨的形式降落，并汇聚到溪流与河流之中，随时可用。此外，自然界还有自己的过滤器可以净化脏水。当水渗过地面，细菌和其他微生物会分解其中被溶解的物质。其他一些物质则会在水流经沙子或黏土时被吸附到上面。

如今，我们不仅每天都在使用着自然界为我们净化的水，我们还在使用数千年前就已经被净化的水，这些水以地下水的形式储存在地下深处。由于从地表重新注入雨水的速度实在太慢，无法弥补我们从中抽取的水，一些古老的蓄水层逐渐被掏空。还有一些地方，洁净水的天然来源尤为匮乏，以至于必须要通过处理海水中的

▲ 用于钻入地下提取水的设备演示模型，约1936年

盐以获得淡水，但这需要耗费巨大的能量。我们对水、能源和肥料的需求是息息相关的。

从空气中而来的氮

作为NPK肥料中的第一种元素，氮元素大约占我们体重的3.2%，在构成我们皮肤、毛发、肌肉纤维、肌腱与软骨的大分子中起着关键作用。它也是控制我们体内所有化学过程的分子的一部分。如果没有氮，就不可能形成一个能够正常发挥机能的人体。

我们呼吸的空气，大部分（实际上是78%）由氮气构成，因此你可能会认为，我们最起码拥有足够多的氮元素。问题在于，大气中的氮气是由两个强力结合在一起的氮原子构成的。我们只是简单地吸入并呼出氮气，因为我们的身体无法将两个氮原子分离并加以利用。为此，我们必须通过我们所吃的食物获取所需的氮。

幸运的是，地球上的生命含有一些能够打破氮气分子内化学键的细菌。这些细菌将释放出来的氮原子和另外三个氢原子或氧原子结合，而当这些化合物溶解在水中时，它们就可以被植物吸收并利用。有一些像三叶草这样的植物，甚至还允许这种细菌居住在其根部的特殊块茎中。三叶草确保了细菌的安全与健康，反过来也为自身的生长获取了稳定的氮元素供应。当三叶草死亡时，储存在植物中的氮就可以被附近生长的其他植物利用。

氮是一种很乐于以气态形式存在的元素，这也就是为什么每当死去的动、植物被分解时，氮元素都很容易流失。在移动厕所和谷仓中，你可能会闻到氨气那股无处不在的刺鼻气味。氨由氮和氢组成，当有机物发生分解时就可以形成氨。这种进入大气的氮流，使得土壤中生命的存在尤为重要，因为它们可以再一次从空气中提取出氮。

唯一能够让植物从大气中获取氮元素而不涉及微生物的一种自然过程是雷击。当雷击发生时，巨大的能量被释放，空气中的氮和氧可以相互反应并形成

◀三叶草

新的分子。20世纪初，挪威物理学家克里斯蒂安·比克兰与工程师萨姆·艾德发现，他们可以在实验室里通过放电制造人工闪电来模拟这一过程。这是第一次有人能够比生物过程更聪明，直接从空气中生产出氮肥。

比克兰–艾德工艺让挪威能源公司诺斯克水电能够利用水力发电产生的能量生产肥料。诺斯克水电的化肥生产在很多方面都具有革命性，为整个20世纪世界粮食产量的大幅增长奠定了基础。然而，它很快就被更廉价的哈伯–博施工艺所替代，该工艺基于所谓的天然气——也就是化学原料产生的天然气。

在哈伯–博施工艺中，天然气不仅为我们提供了打破氮原子之间强化学键所需的能量，还提供了氢原子可供释放出的氮原子与之结合。完全纯净的二氧化碳被生产出来，作为副产品销售给啤酒生产厂家与水处理厂。如今，我们在世界各地农场种植的植物，它们吸收的氮元素有一半以上都来自化肥。我们已经沉迷于用工业方法生产所得的氮元素来构造我们的身体。然而这样的方式，我们还能持续多久？

如果我们今天所有已知的天然气储量都只用于化肥生产，那么它将为我们提供足够多的氮肥，在被消耗完之前，它还可以供我们再使用大约一千年。现在，天然气的储量很可能比我们已知的储量还要大。与此同时，考虑天然气不会被用于除生产肥料以外的其他用途也是不现实的。随着化石油气的储量变得越来越少，而且越来越昂贵，天然气也将成为各种化学工艺中更受欢迎的原材料。因此，在这一千年流逝以前，我们最终还将不得不使用天然气以外的物质生产氮肥。

即便在今天，我们也已经在努力开发替代性的生产方法。有一种策略是使用太阳能，它既可以分解氮气，也可以将水分解产生氢，使其得以和氮元素发生反应。其他人则在发展旧式的比克兰-艾德工艺，使其更加节能。甚至可能就在几年之后，农民们就能利用他们屋顶上的太阳能电池制造出自己的氮肥。

当细菌捕获氮气时，它们是通过生成有机物分子使氮气与氢元素发生反应来完成的，这不需要太多的能量。这些分子会以某种方式设法"诱导"原子各就其位。如今，我们人类已经开始开发一些有用的工具来编辑细菌与植物的基因，这样我们就有机会改变农业种植的作物，让它们能够更自发地从空气中捕获氮，或者像三叶草那样进入一种和定制化细菌之间的新型合作模式。这些转基因植物在理论上可以生长出我们所需要的所有食物，甚至不再需要氮肥。围绕着氮元素用于食物生产的问题，依然是一项技术挑战，但有许多可能的解决方案。换句话说：我们永远不会耗尽氮元素。

从岩石中来的磷

作为最后一种重要的元素，磷元素在大气中不见踪影。我们在水中也找不到太多，因为它倾向于附着在矿物表面，相比于溶解在水中，它更乐于以固体形式存在。因此，我们需要寻找坚硬的岩石才能收获磷元素。

磷大约占到成年人体重的1%，其中大部分存在于骨骼之中。然而，它在没有骨骼的生命体中也起着至关重要的作用。我身体的配方决定了我是谁，以化学文字写在了我每一个细胞里。这份化学字母表仅由4个字母组成，而这些字母形成了一条长长的分子阶梯，看上去就像是扭曲的梯子。磷原子确保了阶梯中

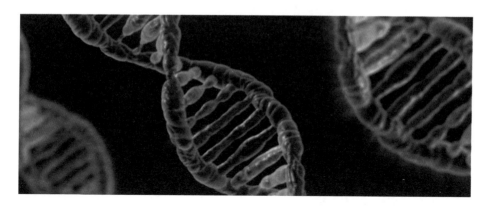

▲ DNA的双螺旋结构

的横档相互连接。没有磷，就没有DNA——当然也就没有了生命。

　　诸如人类尿液与家畜动物的骨粉，已经作为磷资源在世界各地用作肥料长达数百年，但在19世纪中期，农民也已经开始使用来自地质沉积物的磷。第一个有利可图的磷资源是鸟粪，实际上是海鸟粪，可以在那些海鸟繁衍了数千年的岛屿上发现大量资源。这些"化石"鸟粪的矿产被大规模开采，但是由于矿产有限，没过多久，从岩石中获取的磷就超过了从鸟粪中生产的磷。

　　自20世纪60年代以来，相比于那些从牲畜与植物遗骸获取的磷，地质来源的磷被更多地供应给了土壤，直到今天，地质来源的磷，其供应量已经超过生物过程回收磷元素的3倍。如果我们今天不再从岩石中生产磷肥，那就必须要将粮食产量减少到如今水平的四分之一。地质来源的磷甚至被添加到有机农业中，不过通常是以磨碎的岩石使用。对于传统农业，这些岩石通常会经过各种化学处理，以便使磷元素被植物尽可能更方便地利用。

　　少数几个国家主导了如今的磷资源。最大也最重要的来源地是摩洛哥、美国和中国。仅摩洛哥一地，就控制着全世界已知磷矿储量的三分之二以上，其中很大一部分是位于西撒哈拉存在争议的地区，如果此地从摩洛哥独立出来，就将成为全世界磷矿储量第二大国。许多人担心，摩洛哥未来对磷资源近乎垄断，从而在某种程度上会控制着世界粮食的生产。

在海床上的一些地方，磷的沉积物也很丰富，如果将它们开采出来，可能也会收益颇丰。例如，这种类型的大规模矿产可以在新西兰和纳米比亚海岸附近发现。为了从海床上提取磷，必须要将表层的沉积物吸入船中，含磷颗粒在这里完成分选之后，再将其他物质泵回海床。这在开采期间会伤害海床上的生命，尽管这种工艺的支持者们相信生命很快就会恢复。这种操作对海洋生命的长期破坏究竟如何并不明确，因此迄今为止，这些项目还无法启动。

已经记录在案的磷矿储量大到可以维持今天的用量长达300余年。然而，磷的消费量正在增加，而且预计在未来数年，随着人口的增长，其消费量还会继续攀升。一些科学家警告称，在不到100年的时间里，世界就将面临食品生产过程中严重的磷资源短缺，而当我们以全球食物价格上涨的形式注意到这一点之前，只有区区几十年时间。另一些人则认为，按照现在的消费水平，我们还可以继续开采1100多年的磷资源——如果我们还指望有其他尚未被测绘的磷矿存

▲ 纳米比亚海岸

在的话。

从满世界矿井中开采的那些磷，只有20%进入了我们所吃的食物中，其他那些都在过程中的某个环节遗失了。有一些磷早在原本的矿井之中就迷失了。还有一些，消失在对磷矿石的化学处理以及对肥料的运输与分配环节中。还有一些磷元素的失踪，是由于植物病害、暴风雨或火灾导致的农作物歉收。真正进入人类食物中的磷，其中也还有三分之一从未被食用过。由于我们给土壤提供的磷总是会附着在形成土壤的颗粒上，因此最主要的大约占我们开采的一半的磷损耗——都是因土壤流失而发生的。

自从第一批生物在海洋中诞生以来，我们这颗行星上可耕种的土壤就一直在累积。为了形成表土层，其所依赖的岩石必须被破碎并分解，以便释放营养物质。细菌、真菌和蚯蚓等大小生命体确保岩石中的营养物质可以和死去动、植物的有机物质混合。总的来说，自然界每形成2.5厘米厚的表土层，就要花费大约100年的时间。

水土侵蚀会导致这些宝贵的土壤从我们的农业区域消失并流入大海。在新犁过的田地里，土壤颗粒不受保护地暴露在风雨之中，大雨很容易就让河水因表层土的流失而被染成棕色。干旱之后，接着又是大风，土壤表层都被卷了起来。这是可耕种的北美草原在20世纪30年代真实发生过的事，这场大灾难也被称为"黑色风暴"（Dust Bowl），成千上万的家庭因此被迫离开故土和农场。在这片地区，自欧洲人开始耕种以来，多达一半的表层土都已流失。而在死海地区，湖面下降导致肥沃的土壤在每一次下雨时都会被冲下斜坡。

如今，全世界表层土消失的速度比通过自然过程形成新土壤的速度快了10到100倍。有一些很好的策略可以限制农业用地的水土侵蚀，例如减少犁地或者尽可能用植物覆盖土壤。另一方面，我们必须预计，气候变化将会导致越来越多的风暴与洪水，这就会加剧侵蚀。如果表层土继续以今天的速度流失，那么无论磷矿储量有多大，未来如何为全世界人口提供足够多的粮食，我们都将会面临严重的问题。

　　总有一天，从地质来源开采磷元素补充我们的土壤，其成本会变得过高。为了能在未来继续生存，我们必须实现一点儿，也就是当基岩风化时，我们损耗的磷元素不会超过自然界给我们提供的磷。这意味着今天的磷流失量需要大大降低，而目前的流失量是自然供应量的6倍。优化农业以便从周围环境中尽可能获取磷元素也是可能的，例如让牲畜在未垦殖的土地上吃草，从而将磷"带回农场"。然而，这依然无法弥补今天超过三分之一的损失。

　　为了让每个人在未来都有足够多的食物，我们要么必须大幅减少世界的人口（这是一个令人不快的预期），要么确保我们在为时已晚之前减少对于地质磷资源的依赖。我们可以通过少吃肉类、防止土壤侵蚀、减缓气候变化以及在各环节回收磷——从农场的粪堆与厨余垃圾到我们的家庭污水——来实现这一目标。未来，我们也许还需要特殊的厕所，其前部有一个额外的孔以分离尿液与粪便，就像瑞典一些城市已经操作的那样。不混合尿液与粪便是一种策略，这使得从污水到肥料的路线变得相当容易。

误入歧途的营养素

　　我们之所以需要为土地提供人造肥料以种植我们所吃的食物，其原因是我们从土壤中拿走的营养成分要远多于我们通过自身生物过程返回的那部分。但元素并不会消失。我们吃的食物中，氮、磷、钾都会在通过尿液和粪便排泄之前成为我们身体的一部分。动、植物的某些部位也含有不能被转化为食物的营养物质。

　　如今，这种营养也只有一小部分被带回了形成它的土地。当人类和动物的粪便被用于肥料时，其运输成本太高，而且还有传播危险疾病的风险。相反，这些营养物质最终抵达了它们不该出现的地方。在河流、湖泊以及海洋中，大量的氮和磷会导致藻类大量繁殖，而这些藻类又会耗尽水体中的所有氧气，使生活在更深处的鱼类窒息。如果我们能够开发出更有效的方法收集这些营养物质并将其带回农业地区（且不会传播疾病），那么我们就可以在这些地区继续生产食物，同时还能让海洋与湖泊保持在更好的状态，以产出我们想要食用的鱼。

我们富含营养的废弃物并不是海洋和湖泊生态系统所面临的唯一问题；它们也是我们在土地上施用大量化肥的接收终端。当农民施加了超过植物根系承受范围的肥料后，多余的那部分就会流入河沟。想要精确地知晓一棵植物在特定时间需要多少化肥，这很不容易。幸运的是，这是一个正在取得重大技术进步的领域。计算机可以分析无人机拍摄的图像，以确定这些植物是否缺少什么东西。接下来，农民可以利用计算机化的农用机械在正确的地点和时间根据实际需要施加化肥。

死海的未来

死海是个奇怪的地方。

在这片湖的北端，湖面已经在大型温泉酒店落成之后下降了好几米。如今，游客们必须驱车下坡，乘坐小型巴士才能来到岸边。因为雨水流经曾经是咸水的湖床，溶解了其中的盐并留下空洞，使地表塌陷出巨大的坑，所以各酒店之间的道路一直都在维修中。

而在南端的酒店，客人必须爬上楼梯才能从游泳池区来到沙滩。建筑项目一直都在进行中。有价值的矿物被开采后，蒸发池中残留的所有盐使得湖床每年都会上升大约18厘米。水已不再能够从北向南流，而必须要通过泵抽提。

一方面，看到这片有毒的死海，湖岸上稀疏的灌木与垃圾正在慢慢地被包裹在一层浓厚的盐中，这让我多少有些心碎。另一方面，这里的景色也很壮观。我们人类已经控制了这一整片湖，也控制了整个生态系统，我们用它来生产我们最需要的东西：为我们提供生命组成部分的食物。如果没有肥料，我们地球上的生命就不会像今天这样多。事情就是这么简单。如果没有近些年来的人口爆炸，我们可能也就没有现在的技术与研究。我也绝没有机会前往以色列去会见来自世界各地的科学家。死海中的钾，或者加拿大某个矿井的钾，或许从来都没有在我的视神经里流进流出，为我提供以色列沙漠的惊人图像。或许，我根本就不会来到这个世界上。

第八章

没有能量的世界，一切戛然而止

现代文明是由塑料、混凝土和金属建造的。每一天，我们都会碾碎地壳的一部分，这样就可以生产出维持我们生活方式所需的一切。所有这些活动都取决于我们是否可以获得另一种资源，它不是某种元素，却是我们最先能够拥有一种文明的决定性基础——能量。

没有能量的世界，一切都将戛然而止。

没有能源，这个世界将会变得寒冷而停滞不前。

我在电脑屏幕上看到的光，还有按下键盘，对着由塑料、硅与金属制成的电路板发送出去的电信号——这正是我写作本书的过程——所有这些都是由锂电池的化学能驱动的。今天早些时候，我将笔记本电脑的电源接口插入墙上的插座，由此来给电池充电。我的房子与延伸到挪威全境的铜线相连，而这些铜线一直连接到一座发电站，发电站坐落于一处干涸的河床边，位于一段悠长水管的尽头。曾经从山腰流下的水，如今流经涡轮机，通过涡轮机的运动被传递给铜线中的电子，于是这些电子也移动起来，相互推搡着进入我的电池。

从太阳中获取能量

从某种程度上说，我的计算机是由水驱动的。不过，它实际上是由太阳提供动力的。太阳照射在海面上，海水因此而蒸发并上升到大气中。随后，这些水又以雨水的形式降落在电厂水库周围的地面上。太阳的能量被转移到了水分子中，而当水流过涡轮机时，太阳能又被转化成我此刻写下这些文字所用的电能。

当我移动手指打字的时候，会移动视线看着屏幕上出现的字母，思考下一个单词应该是哪个，因此我也在消耗着能量。我身体执行的所有任务，都是由我吃下的食物在细胞内释放的能量所驱动的。

我依靠食物跑步，但实际上我也靠着太阳跑步。我的细胞中，每一个被打破的化学键都含有一点点太阳能。植物的光合作用捕获了我们地球上其他生命在生活中用作燃料的所有太阳能。如果没有光合作用，阳光就会加热地面，蒸

▲ 植物进行光合作用捕获太阳能

发水分，加快风速，最终只是辐射回太空。在太阳能再次消失进入宇宙前，是植物确保太阳能迂回到食物链中。

与地球上其他生物不同的是，人类学会利用能量，并不是仅仅满足于用他们进食而已。我们用木头聚起了一堆噼啪作响的篝火，为冻僵的手提供温暖。当食物在火焰上经过烹饪后，我们消化时所需的能量就会更少。通过在木材中使用太阳能来生产铁，人们获得了强大的工具，可以使工作效率更高，作物也因此而生长得更茁壮。额外产出的食物不仅可以用来养活不断增长的人口，还能当作动物饲料。随后，草和谷物中的太阳能又被牛马食用后转化为肌肉做功，辅助人们完成更多的工作，从而获取更多的能量。

耗尽地球储存的能量

并非所有被植物捕获的太阳能都会被释放到食物链中。森林和土壤中那些活着的植物、动物与真菌也都含有巨大的能量。在死去的生命体没有发生分解的情况下，它们堆积在越来越厚的土壤层、沼泽地、湖泊与海洋的底部，土壤表面储存的太阳能就会随之增加。

地球上的人口不断增长，每个人都在使用越来越多的能量制造工具、修建房屋和道路，于是我们又开始以更快的速度消耗这些能量储备。20世纪初，地球人口超过15亿，地球表面储存的太阳能已经比公元元年时减少了三分之一。如今，大约还剩下一半。储存量的减少，既是因为人类将光合作用的能量用于食物、木材与燃料，又是因为我们诸如人为导致的水土侵蚀、破坏森林等行为，

▲ 被破坏的森林

让植物无法再像过去那样捕获那么多太阳能。

2012年，世界人口超过70亿，到2019年12月时已经达到77亿。我们五口之家消耗的能量，大致相当于古罗马一个拥有3000名奴隶的领主，或者19世纪拥有1500名工人与200匹良马的英国地主。驱动人类文明的能量，相当于地球植物从太阳获取能量总和的四分之一——而太阳能还需要给地球上所有的生态系统供能。我们之所以能够在保持地球仍然绿色且生机勃勃的同时还能使用如此多的能量，是因为人类已经不再把自己束缚在太阳每天带来的这些能量中。在过去的150年里，我们已经成为能够开发数百万年前太阳能的专家；而现代文明中85%的能量，都来自化石能源。

我们想要的社会

在早期的农业社会中，几乎每一个居民都需要在田地里轮流工作，这一点非常重要，否则就不能供应足够的能量。种植的作物会从太阳中获取能量，而当人们食用这些植物时，由此获得的能量可以用于种植新的作物。少量的能量储备帮助维持了一小部分由战士、宗教人士以及其他政府官员组成的统治阶级。

工具的发展让每个人的肌肉都可以减少劳作，从而满足人的需求。在此之后，更多的居民可以将他们的能量用于农业以外的工作。一些人成为锻造铁器、制造武器与工具的匠人。当这些工具被用在农业上，比起他们用自己的双手在土里刨挖，这样收获的食物更多。于是，田地里虽然少了一个人，整体上却提供了更多的食物。过剩的能量给更多的行家留出空间，这也促进了新方法的发展，由此尽可能利用可获取的能量完成更有用的工作。

如今，我们已经变得如此高效，以至于只有少部分人从事食物的生产。专业化与能量过剩为一个极为复杂的社会奠定了基础。在这样的社会中，所有先进的特性都被如今的我们认为是理所应当的，比如互联网、隆冬季节的草莓、飞往地球另一端的航班以及心脏移植。

没有能量，什么都不会发生。因此，在任何一个社会中，最重要的任务就是获取能量，并将其转化成一种可以用于做功的形式，比如说燃料，或者电力。下一个但并不是最优先的任务则是种植粮食，因为种植也需要能量。

在确保社会的能量供应、生产出食物，并且用这些食物养活了人口之后，剩余的能量就可以用于教育。为了保持社会的技术水平，不让过剩的能量减少，知识的传递十分必要。教育还为进一步的技术发展和未来更大的能量节余潜力奠定了基础。

接下来的优先事项是卫生服务。我们希望社会照顾其成员，即便他们已不在工作。现在，我们拥有大量的剩余能量，让我们得以留出更多的公民从事医生与护士的工作。更不用说，我们还可以利用先进的设备让医院运转下去，并针对越来越多的疾病研究其疗法。

如果我们问自己，是什么让生活变得有价值，很多人都会说出广义范畴的艺术和文化。我们不仅仅是为了生存而工作，我们还想参与体育运动、看电影、观赏戏剧、去唱诗班歌唱。如今，我们也有丰富的剩余能量用在这些方面。

能量的输入，能量的输出

维持一个充满丰富文化与健康服务的复杂社会，其关键在于，一旦基本需求得到了满足，就需要有尽可能多的额外能量。最基本的任务是提取能量并将其转化为可以利用的形式。不过，提取能量也需要消耗能量，例如这些能量用于钻孔、建造石油平台，还有对石油的抽提、运输并精炼使其能够用作汽车、船只与拖拉机的燃料。这一原则与买股票是一样的：你必须先投入资金，但你有可能获得比起始资金更多的钱。

研究人员估计，为了维持我们所认为的优渥生活方式，我们需要那些回报率相对于开采时消耗能量达到20倍的能源。如果这种盈余降到"押金"的10倍以下，那么维持工业社会就可能变得很有挑战。据估计，3倍的盈余是衡量最原始文明发挥功能所需的最低数值。在人类开始进入农业时代之前，他们投入能源以进行狩猎与采集，并回收10倍于此的能量。

20世纪30年代，挖掘出来用作能源的石油很容易被开采。实际上，只要把一根管子插入地下，石油就会喷出。收集而来的石油，其中只有百分之一的能量用于提取更多的石油。其余的石油可以被出售，为石油公司提供利润，并为大多数人提供廉价的燃料，供当时正在进入寻常百姓家的汽车使用。

现在，我们已经用完了这些优质的矿产。如今为了维持产量，我们必须保存从常规油田（无需专门技术即可开采的油田）开采出的石油中大约二十分之一的产量。更为困难的是，诸如页岩气、油砂还有深海油田这样的非常规油气资源，需要大约两倍于开采所需的消耗，或者说只产生一半的剩余能量。

还有一些化石能源埋藏得实在太深，以至于被抽提上来的石油，其中所有的能量（再加一点额外的能量）都必须用于抽提更多的石油。从这一点说，开采它们是徒劳的。这几乎就好比是花钱才能去银行存钱。这种能源应该永远地留在地下。

走出化石社会

与所有其他地质资源一样，想知晓地壳中到底还能提取多少能量是非常困难的。这在很大程度上取决于开采技术的效率，还有我们愿意在能源和资金方面付出多少。不过，大多数人都认为，我们已经消耗了大量的化石能源，石油时代将在21世纪或22世纪结束。

此外，还有一个共识正在逐渐形成，那就是当我们燃烧化石能源时，排放到大气中的碳正在改变地球的气候。气温的上升、雨水过多或过少，还有其他极端天气模式以及海洋酸化，都将对人类和所有自然生态系统造成严重后果。而且这也会让自然界捕获太阳能并将其用于维持健康环境能力下降的问题雪上加霜。因此，最好是让更多的化石能源保留在地下。但是，没有石油，我们又该何去何从？

地热与核能：来自地球起源时的能源

地球还可以提供其他能源。地壳中质量最重的那些元素，其原子核每隔一段时间就会分解一次。这些放射性的物质可以在中子星相互碰撞或中子星撞到黑洞时形成，现在则是构成地球组成物质的一小部分。原子核裂变时产生的热量使地壳升温并扩散到地表。我们在挖矿时也会观察到这一点，挖得越深，温度就越高。

利用地壳中的热量来给我们的房子取暖甚至发电都是可能的。然而，在地球上的大多数地区，热流太小，因此不堪大用。只有在特殊的地区——例如火山区或洋中脊，地球的板块在这些地区发生分裂，形成一个充满炽热熔融岩石的裂缝——这样的社会才有可能指望靠地热提供动力。如冰岛，就凭借地热发电厂产出廉价的电力成为主要的铝生产国。

从地球内部产生的热流如此之小，其原因是放射性物质释放能量的速度实

▲ 冰岛的地热发电厂

在太慢。然而，在过去的几十年里，人类已经开发出让这些过程变得更快的方法。比如，核电站的反应堆通过设计，让放射性元素铀的单个原子核裂变时，也会引发附近的另一个铀核裂变。这就引发了越来越多的核反应，这些链式反应产生的能量可以被捕获并用于发电。

目前正在建造并运行的核反应堆，只利用了原材料中总能量微不足道的一小部分。在铀矿被耗尽之前，基于如今核技术的能源产出可以持续60年到140年，因此从长远来看，这不会对我们的社会产生太大的影响。与此同时，核反应堆产生的放射性废物有可能对人类和环境造成超长期的危害，即便相比于采矿和工业产生的其他有毒废弃物而言，其废弃物总量很小。

我们也可能建造出可以从开采的放射性物质中利用更多的能量的反应堆。新的技术使我们未来有望依赖核能生存长达25000年。然而，目前正在开发的替代方案对反应堆中的材料提出了极高的要求，而目前我们尚未找到安全而持久的解决办法。此外，这些反应堆可以生产出制造核武器所需的完美材料。通过这种方式，尽管我们可以为社会提供能量，但是与此同时，如果发电厂落入不轨之徒手中，我们就可能促成人类的彻底毁灭。

直接来自太阳的能量

唯一真正长期的能源解决方案，是利用从太阳源源不断流向我们的能量，并且这样做也不会削弱我们未来利用太阳能的能力。地球从太阳接收到的能量是我们目前用于电力、工业和交通这所有能量的数千倍。我们需要做的，就是想办法捕获一小部分这样的能量，并引导它们贯穿我们的文明。

太阳能电池是一种可以将太阳能直接转化为电能的装置。我们最熟悉的太阳能电池（例如住宅屋顶上不断增加的太阳能电池）是由硅晶体制成的。阳光照射在太阳能电池上会导致电子与硅原子发生分离，太阳能电池的设计使得电子只能绕行，通过电路重新回到原子上。这些移动的电子便是电流，我们可以用它给电池充电或操控冰箱。近年来，太阳能电池的发展迅速，很多人都相信

▲ 太阳能电池板

这会是我们走出石油时代之旅中最重要的技术。而问题在于：我们是否拥有足够的材料来建造我们需要的所有太阳能电池？

硅元素不会成为问题，地球上的每一块岩石中都能找到它。然而，如今大多数太阳能电池还含有铅、银和锡。测算结果表明，到2050年前，采矿业供应的铅会有所减少，再过几十年，锡和银的供应量也会减少。新型或更有潜力的太阳能电池中还含有镓、碲、铟和硒等稀有元素。这些元素在地壳中和一些大宗金属共同出现，并且一同被生产出来。因此，我们只有在开采铜的时候才会得到硒，而镓的价格则与铝的生产密切相关。正如我们对所有的金属使用一样，是否能够拥有足够的金属才是首要问题。

还可以利用染料制造太阳能电池，大自然设计这些染料是为了捕获阳光的某些部分，并利用太阳能来移动电子。在绿色的叶绿素协助下，这个过程也会在光合作用中发生。这种解决方案的优点之一在于，染料可以从活的生命体中提取，这些生命体主要由碳、氢、氧构成——都是我们周围环境中丰富的元素。

然而，它们仍然需要和氧化钛等其他物质结合使用，才能真正利用染料产生的电能。正如我们的皮肤会被晒伤一样，染料也会受到阳光中紫外线辐射的破坏。生命体中的分子会被太阳辐射和其他刺激源源不断地破坏，而生命体则会花费很大能量构造出新的分子并清除掉那些已经被破坏的分子。对于本身不是生命的太阳能电池而言，我们必须开发出能够提供相同形式的保护机制，否则太阳能电池的寿命不会太长久。

太阳能电池能在太阳照射时很好地发挥功能，然而我们都知道，地球的自转永不停息，我们经常会发现自己处于黑夜的那一面。幸运的是，我们还能以其他形式从太阳能中获益。

流动的水，吹拂的风

挪威是个不寻常的案例，因为这里已经实现几乎所有的电力都来自太阳。它的工业社会并不是建立在石油之上，而是建立在利用太阳照射到山上的水所产生的电力上。如今，我的国家到处都是水坝、管道和涡轮机，它们为我们提供清洁可再生的电力。水力发电也是一种很有效的能源利用方式。

然而，可以改道进入管道流动的河流数量是有限的，毕竟景观和生态系统也需要流淌的河水。在挪威和世界其他国家，大多数人都认为大型水电站的时代已经结束。世界上已经建设了如此多的水利系统，然而即使再新的发展，也无法取代我们今天使用的化石能源中哪怕任意的一小部分。

不过，我们还可以扩大风能的使用。显然，地球上的风非常丰富——在开阔地带、山区、海岸以及海上都是如此。最近这些年，风力涡轮机（常被称为风车）变得更大，效率也更高。这一趋势在20世纪70年代得到提速，因为当时的石油危机迫使替代性能源得到发展。许多国家仅使用风力涡轮机就能产出大多数能量——甚至是全部。在没有化石能源的情况下，这可以产生足够多的能量供所有的汽车、重型运输和工业运转起来——但是这需要在一些当地人十分珍惜的景观中建造风力涡轮机、接驳道路以及电力线。到目前为止，还有很多

▲ 风力发电

来自所在地的阻力妨碍了风力涡轮机的发展。

　　水力发电站能够回馈的能源是我们投入的上百倍，相比之下，风能的比例则是接近20倍。这一比例取决于建造风力涡轮机需要的能量、维护设备的能量以及涡轮机在需要更换之前可以使用多长时间。如今的涡轮机，预期寿命一般在20年到30年，但也可以通过升级再增加15年的寿命。作为对比，煤矿与核电站的预期寿命差不多在30年到50年。因此，由风力驱动的社会比化石燃料社会需要更多的替换品，但是与此同时，投入的劳动与成本都会随着时间而被摊薄。

风力涡轮机由混凝土和钢材制成。钼被添加到钢材中，使其格外坚固，随后又被覆盖了一层锌，这样就不容易生锈。电线由铝和铜制成，而旋转叶片则必须由坚固而轻质的材料制成，最好是用塑料增强的玻璃纤维包裹塑料泡沫或巴沙木①的内芯。旋转叶片用钢连接到机舱（涡轮机的中心部位，机械能在此处转化为电能），机舱中有强力磁铁，如今最优秀的风力涡轮机中的磁铁是由铁、硼、钕制成的合金，其中钕是被称为"稀土元素"的17种元素之一。

稀土元素

事实上，稀土元素在地壳中也不是那么稀有，但是由于有效富集它们的地质过程实在太少，因此很难开采。在钕及其"近亲"钐、钇、镝和镨中，电子的排布方式使得这些元素在磁铁以及其他电子元件中很有价值。没有人能找到其他与之同样奏效的元素。

含有稀土矿物的矿石通常含有几种化学性质几乎相同的元素混合物。因此，需要大量的水、化学物质与工作，才能将不同的元素彼此分离。回收利用也是如此，因为这些元素总是被用在合金中，其含量与其他成分相比通常都很少。例如，你可能会在你的手机扬声器中找到钕。这种元素必须要和其他大约30种元素分离之后，才能再次被用于其他目的。这一要求很高，不过安全而廉价的稀土元素分离技术也正在蓬勃发展。

如果全世界都开始大规模扩建风力涡轮机，这可能会给钕及其相关产品带来巨大压力。如今，中国完全主导了全世界稀土元素的生产。巴西拥有全球第二大规模的探明储量，但尚未大规模开采。在某种程度上说，这些极为重要的元素只能在少数国家生产，这可能会带来很大的问题。

在挪威于勒福斯平坦而茂盛的农业地貌之下，蕴藏着或许是欧洲最大的稀土矿。众所周知，芬杂岩（Fen Complex，挪威的一处杂岩地貌，杂岩是指由多

① 巴沙木（balsa wood），木棉科轻木属的一种植物，出产的木材以质轻而闻名，其密度仅为水的十分之一，但强度尚可，原产于南美洲，现已被世界各地引种。

种岩石类型构成的复合体）有着非常特殊的地质历史，世界上只有少数地方的火山可以喷出含碳的熔岩，这里就是其中之一。大多数时候，岩石中的碳在熔岩到达地表之前就已经消散，故而熔岩一般主要由硅和氧构成。当熔岩夺路而出，迅速从岩浆冲到地表时，就会形成含碳的熔岩。这一事件大约发生在5.8亿年前，位于如今挪威中南部的特利马克地区的地下。在上升的过程中，炽热的含碳液体流经裂开的地壳，带出大量的元素，包括现在已经变得如此珍贵的稀土元素。如今，芬杂岩正在被进一步勘测，以确定这些资源是否能被开采。（还有如何开采！）也许就在不久的将来，我们会在全世界的风力涡轮机中找到来自特利马克的钕。

让宁静的冬夜充满能量

我正在屋顶安装太阳能电池，不过即便这些电池已经安装到位，我也还是需要依靠水力发电厂提供我们在家里所用的大部分电力。一年中的大部分时间，我们只有在工作的时候才会晒到太阳，而当我们烤面包或使用洗碗机时，屋外却是黑夜。

在挪威，我们的电力来自水力发电厂，我们可以打开或关闭驱动涡轮机的供水系统，以便随时释放我们所需的能量。其他绝大多数国家使用化石能源提供电力。如果这些国家利用阳光和风取代煤炭与天然气，那么在一个安静的冬夜里，是否又有足够的电力可供每个人使用呢？

如果你要从屋顶的太阳能电池板或后院的风力涡轮机中获取所有电力，那么你将会受制于天气。如果你能和邻近城镇的发电厂联网，事情倒是会有转机，因为他们或许会在不同的时间段收获比你更多的风力。如果我们打算在整个欧洲都铺满电线，也许一直都会有足够多的风让每个人都能获得他们需要的电力。随后，大型计算机可以利用天气预报预测电网的不同部分在任意时间的发电量，并借助于电力消耗的历史数据把电力输送到有需要的地方。

但我们不得不想想：如果整个欧洲都依赖吹过西班牙的风，而西班牙的风

◀ 水力发电

太过强劲，以致有一天晚上造成电网崩塌，那么奥斯陆的街道就可能一路黑暗。为了防止系统变得过于脆弱，就必须储存能量，以便在供电量过低时应急。那么怎样才能做到这一点呢？

　　水力发电是一种能让我们储存巨大能量的选择。我们可以随时开启或关闭水电，但我们也可以让它反向运行。这只需要一些大型的水泵与水管，并且世界上已经有多个地方在运行这样的电厂，例如位于美国弗吉尼亚州与西弗吉尼亚州交界处的大巴斯县抽水蓄能电站。当风力过剩时，风力涡轮机产生的一些电量就可以用于将水抽入大坝后面的水库。水可以一直停留在水库中，直到风停下来以后，人们也歇了工作回家。当所有电动汽车都插上电源开始充电时，阀门便会打开，而水则回流到涡轮产生电力。我们通过不同系统的组合以谋求最好的结果。能量还能以运动的形式保存在所谓的飞轮中——可以在真空中旋转的重型轮盘，由磁铁保持其悬浮，能量不会因摩擦力而损耗——或者作为热量，多余的能量被用于将熔融的盐加热到好几百度。此外，我们还可以使用电池与氢来转移并储存能量。例如，当我们需要用能量来运送我们自己与行李时。除了火车与有轨电车外，运输部门依赖于一个可以向发动机释放能量的系统，而无须将其连接到电气干线。

电池中的钴

对于交通而言，汽油是完美的。我们开车时会燃烧汽油，而当我们关掉发动机时，剩余的能量就会留在油箱里，为接下来的旅行做好准备。

我的车不用汽油，而是将能量储存在电池中。和石油与汽油一样，电池也是通过迫使原子连接而结合在一起以储存能量的。当这些元素与它们更喜欢的元素发生反应时，就会释放出能量。在所有我们可以用来选择的元素中，锂是最喜欢"释放"电子的那一个。这就意味着，在与锂的化学反应中，可以出现巨大能量的交换，而且因为锂还是一种轻金属，我们如今所拥有的最佳电池就基于锂元素，被称为"锂离子电池"。当电子数目与原子核中的质子数不相同时，原子就成了离子，而当锂在电池中移动时，它会缺少一个电子。

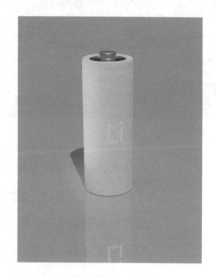

▲ 锂电池

除了用在电池里以外，我们对锂感到熟悉，是因为它可以作为一种用来治疗抑郁症与双相情感障碍的元素。锂在这一医学领域的用途，和它如何参与我们神经功能相关的一系列生化反应有关。锂是地壳中相对常见的元素，但在固体矿物中却非常罕见。如今，世界上大约一半的锂是从澳大利亚的固体岩石中开采而来的，另一半则是从阿根廷与智利的盐水资源中开采的。按照今天的生产水平，锂资源估计相当于1200多年的储量，不过还有很多勘探工作要进行，这样才能找到矿床，并测算出如何有效地开采它们。

在充上电的锂离子电池中，锂离子和碳之间存在着化学连接。当我启动这辆电动汽车时，我也就驱动着锂离子从碳转移给了钴。由于钴和锂的关系更为要好，于是这个过程就会释放能量。钴是一种昂贵的元素，理想的条件下应该由不那么稀有的元素替代，然而它的性质却非常奇特，很遗憾的是，想找到更好的替代品着实有些困难。

钴矿的开采还有一项恶名。目前，市场上近一半的钴都来自刚果，此地大部分的钴都是采用简陋至极的工艺开采的。大约有十万名矿工（其中很多是儿童）没有任何安全措施，在地下几米深的隧道中挥舞着铲子与锄头挖出钴矿。一想到我的车可能是这样被制造出来的，我就感到不适。

每一次给电池充电后，我都可以驾车开出相当远的距离，而这也正是它竟如此沉重的原因。一磅（约0.5千克）电池所含的可用能量远低于一磅汽油。由于碳原子既小且轻，而且是以很强的化学键相互连接，因此一磅含碳的分子可以释放出巨大的能量。汽油中的能量是在碳和氧发生反应时释放的，而氧气很明显在我们周遭的空气中无处不在，因此没有必要把氧气充入油箱去占用任何的重量或空间。但是在我的车里，我需要碳和钴。如果科学家们能够制造出一些电池，其中的锂与空气中的氧气而不是固态的钴发生反应，那么他们有可能会获得所含能量几乎与汽油相当的一磅电池。然后，电动飞机和卡车就可以获得与如今化石解决方案下差不多的负载能力与路程，而且不再需要钴。

换句话说，即使我们可以克服最大的技术障碍，也只是能够达到几乎与今天一样好的结果。这有些让人沮丧。按理说，未来不应该给我们提供飞行的汽车与包租飞机去其他星球旅行吗？为实现这一目标，我们需要比电池能量密度高得多的能量载体。

氢可以成为这样一种替代品。一磅氢气所含的能量几乎是一磅石油的3倍。如果你将氢气和氧气混合，那么只要一丁点儿火星就可以引燃混合物，释放出巨大的热能，氢气与氧气则转化为水。在特别晴好的日子里，太阳能发电厂产生的一些电能也可以被用于分解水分子，由此产生的氢气可以储存起来供日后使用。问题在于，氢气占据了很大的空间。存储一磅氢气需要一个能够容纳将近180升的气球，而一磅汽油却只需要约0.5升。在今天的氢燃料汽车中，很多能量都被用于将气体压缩成很小的体积，而航天飞机使用的则是降温到−253摄氏度的液氢。将某种东西保持在如此寒冷的低温需要耗费极大的能量，因此这对客车而言并不是一个切实可行的解决方案。

氢燃料汽车的发动机并不会燃烧氢气，而是在燃料电池中将化学能直接转化成电能。如今，大多数燃料电池都含有铂，它有助于氢气分子的分离从而释放出电子。铂是地壳中最为稀有的金属之一，主要是作为铜矿与镍矿的副产物开采而来。迄今为止，南非是世界上最大的铂生产国，同时拥有最丰富的铂资源。2017年，只有4个南非以外的国家具有值得记录的铂生产量。由于生产仅由一个国家主导（顺便说一句，该国还频繁受到矿业罢工和其他政治问题的困扰），铂也成为一些国家格外关注的元素之一。因此，氢并不能解决所有问题，但是几乎可以肯定的是，它会成为我们能源危机解决方案中的一部分。

来自植物的汽油

植物会捕获太阳能，这种能量又会在我们的发动机和锅炉中释放出来，由此造福人类。生物能源是新型可再生能源中的一种，它可以帮助我们进入新时代。这个解决方案又会带着我们走多远？

从某种程度上说，生物能源是个老面孔。在我们大部分的历史中，它一直都是人类最重要的能源。在金属生产和其他工业中对生物能源的使用，甚至导致世界上一些地区的森林被大规模破坏。这发生在地球人口不足当今十分之一的年代，每一个人在当时所用的能量都远远少于如今的你我。

林业和农业产生的废弃物似乎是一种诱人的廉价能源，然而这些废弃物对自然生态系统而言也是一种资产。有机物的功能是作为碳元素、生物可利用元素以及其他营养成分的储备库。它还有助于分解环境中的有害物质，为森林地表的小生命提供庇护所、控制洪涝、阻止土壤侵蚀，并为我们提供更洁净的空气、水和土壤。如果我们从土壤与森林中移除太多的有机物，我们就不得不使

▲ 棕榈果含有大量的油脂

用能源为它们提供养分，并以此替代我们如今从生态系统中免费获取的服务。

木屑也不能被简单地直接送入油箱。分解木材中的大分子需要耗费大量的能量，这样才能将其转化为能量密集的液态形式，才可以被用作燃料。在化石能源中，自然界利用高温、高压以及数百万年的时间来达到相同的目的。

更为方便的方式，是通过大豆或棕榈这样天然含有大量油脂的植物，或甘蔗或甜菜这样含有大量糖分的植物来生产液态燃料。但是，我们从成品燃料中实际获取的能量，是否能比制造它们消耗的能量更多？用于犁地并收割庄稼的拖拉机需要燃料，种子和肥料的生产也需要能源，种子、肥料和水需要被运到田地里，而作物则需要被运走。当植物被收割后，还需要进行干燥、研磨、加热、离心并蒸馏。

当能量丰富的植物生长在阳光充足的地区时，回收的能量有可能达到投入能量的50倍。然而，对于目前市场上的大多数生物燃料而言，你只能获得大概2

到5倍的能量。对于木材这样处理更为困难的资源，你可以获得的能量约等于投入。在这种情况下，生物燃料的生产仅仅是将化石能源从"黑色"转化为"绿色"的一种方法，而非从自然界中提取出能量。

未来，在阳光充足的地区，我们或许能够通过将藻类培植在水管或水箱中以生产生物燃料，尽管迄今为止还没有人能够大规模地开展这项工作。这类系统的效率最终会受到光合作用本身的限制，而光合作用的法则决定了抵达植物的阳光中，只有不到12%会被储存为能量。同样的阳光，相同面积的太阳能电池则可以将其中大约20%（甚至更多）直接转化为电能。

如今我们吃石油

食品曾经是能源，但是今天的食品生产实际上却是对能源的浪费。如果你阅读了桌子上食物的标签，你就会看到其中含有多少能量。然后，你可以思考一个事实，即用于生产这种食物的能量可能有10倍之多——主要是以石油、煤炭和天然气这样的化石能源形式存在。能源被用于建造基础设施，生产并运输化肥、杀虫剂与种子，还被用于犁地、运行灌溉系统、烘干作物、运输原料——更不用说还有成品的生产、包装、冷藏、运输与制备。

长期以来，我们几乎使用了所有可被开发的粮食生产区域。拿我的国家来讲，仅仅是在几十年前，挪威峡湾景观中的每一块土地都被用于种植牲畜的饲料，此外还有牧场用于放牧。如今，最陡峭也最难接近的地貌成了休耕地。自20世纪50年代以来，世界粮食产量大幅增加，这并不是因为耕种了更多的土地，而是因为开发提供出更多能源（如以肥料的形式）用于农业生产的方法。如今，世界粮食的生产依赖于丰富而廉价的化石能源。未来，由于水土侵蚀、气候变化、表土枯竭以及地下水资源的损耗，粮食生产的条件会变得越来越困难，我们也将需要更多的能源以生产和今天等量的粮食。

这就是今天我们发现自己所处的位置。化石能源正在枯竭。我们很清楚，要想确保子孙后代还能拥有一个宜居的气候，那就必须停止燃烧煤炭、石油和天然气，但是想要用可再生能源替代所有的燃煤发电厂，我们还有很长的路要走，更不用说要为工业、运输业和粮食生产提供足够多的能源了。一个没有丰富能源的社会将无法维持复杂的结构、先进的工业以及我们迎接未来挑战所需的研究。有的工作需要完成——越快越好。

第九章

B 计划

我是不是太过愤世嫉俗了？我似乎在每一个机遇里看到的都是问题。垃圾太多、食物太少、能源太少、钢材太贵。我只是停滞在今天的思维模式中吗？难道人类不是一再证明自己可以达到那些无法达到的目标吗？

关于未来，在我尚未提及的所有伟大愿景中，还有三点值得关注：首先，是无限廉价能源的可能性；其次，是开采外太空资源的能力；最后，是终极的B计划，离开地球，在其他行星上开始全新的生活。

无限的能量：地球上的太阳

那些从太阳不断涌向我们的能量，是通过核聚变经由太阳的内部释放出来的。这是最轻的那些元素（如氢和氦）原子核结合成其他较重元素时留下的能量。如果我们有一台能在地球上制造出同样反应的机器——一台核聚变反应堆，那么我们就能从丰富的元素中获取巨大的能量。

然而，说起来容易做起来难。为了让原子核能够融合，就必须要用巨大的力量将它们压在一起。太阳内部的温度大约是1500万摄氏度，其压力相当于地表气压的3400亿倍。这些参数都超出了地球反应堆有可能重现的条件。

如果原子核中只有一个质子的普通氢原子被替换成另外还含有一两个中子的"重型"氢原子，那么这项任务就会变得更容易实现。氢的这些变体被称为氘和氚。氘原子的重量是普通氢的两倍，当它在水分子中取代氢的位置时，我们就得到了所谓的重水。诺斯克水电会生产这种形式的水，这也是第二次世界大战期间该工厂遭到针对性破坏行动的原因。在使用钚制造核武器的过程中，重水很有价值〔如果你不熟悉这个故事，那么1965年的电影《特利马克的英雄》（*The Heroes of Telemark*）值得一看〕。氚是含有两个中子的氢原子变体，是一种极不稳定的物质，形成后的几年里就会分解成其他元素。如果我们想在聚变反应堆中使用氚，那我们首先就必须自己制造出氚。如今，氚由一种少见的锂原子变体生产而来，在地球中，这种锂在所有锂原子中的占比不足10%。

氢可能是一种取之不尽的资源，但锂不是。计算发现，如果我们打算在聚变反应堆中使用能够从地壳中开采出来的所有锂资源，那么按照今天的能源消耗，它将能够维持大约一千年。此外，海水中还可以发现氘和锂。如果有一种能从海洋中提取出这些元素的有效方法，那我们就将拥有足够的元素来满足人类未来数百万年的能源需求。

在聚变反应堆中，电子必须从原子中分离出来，这样原子核才能彼此靠近直到聚变发生。当气体变得炽热以至于电子都从原子中分离出来时，它就被称为等离子体。在地球上，我们可以在闪电和极光中找到等离子体。等离子体的问题在于，它往往会发生扩散，因此很快就会冷却下来。恒星又大又重，因此它们的引力场可以将热等离子体保持在适当的位置，但是这样的条件无法在我们这颗小小的行星上重现。我们的替代方案是借助于磁铁捕获特定形态磁场中的等离子体。如果反应堆的设计让等离子体不与设备内壁接触，那么等离子体中的热量就不会扩散到周围的环境中，反应堆内壁也不会发生熔化或被烧坏。

对聚变能源的追寻始于冷战时期，"铁幕"的两方都不例外。1968年，苏联科学家报道称，他们在一个叫托卡马克①的环形磁场中制造出了高温等离子体。此后不久，英国科学家也实现了同样的目标。如今，来自世界各地的科学家们在法国合作开展了世界上最大的聚变实验ITER②。如果一切依计划进行，那么ITER的托卡马克将于2025年制造出它们的第一个等离子体。

托卡马克的问题在于，它必须被非常精确地控制，只有当系统中的电流不断增加、增加、再增加的时候，磁场才能保持不变。显然，这不可能维持很长的时间。ITER的工程师们希望，机器在不得不关闭并冷却之前，等离子体可以保持大约半个小时。这种持续不断的温度波动，对反应堆中使用的材料要求极高。

---

① 托卡马克（Tokamak），苏联发明的一种设备，环形的真空室被螺线圈环绕，通电后即可形成电磁场，Tokamak由俄语的环形真空磁线圈简称而来。
② ITER（International Thermonuclear Experimental Reactor），国际热核聚变实验堆。

　　另一种替代性的设计方案被冠以"仿星器"[①]这样带有未来感的名称，其磁场具有极其复杂的形状，可以让设备不间断运行。这种反应堆最早是在20世纪50年代被提出的，但是直到20世纪80年代，计算机变得足够强大时，物理学家才得以着手设计其复杂的几何结构。德国的仿星器文德尔施泰因7–X（Wendelstein 7–X）在2016年实现了将氢等离子体保持在1000万摄氏度以上大约1秒的目标，工程师们目前正在对反应堆进行进一步升级。

　　核聚变只有在反应堆的高温能够持续时才有可能发生。如果出现什么差池，反应堆失去了对磁场的控制，那么一切就会停止。因此，不存在我们从切尔诺贝利与福岛核电站事故中了解到的那些失控反应、爆炸或熔毁的危险。聚变反应堆产生的废弃物也比如今的核电站少得多，但是当聚变释放的中子击中反应

▲ 核电厂

———————————

① 仿星器（stellarator），全称"类恒星热核能反应堆"，泛指模拟恒星核聚变原理的反应堆。

堆中的材料时，还是会形成一些放射性的废弃物，它们也必须作为特殊废弃物进行处理，处理过程需要花费数百年。

尽管发展很缓慢，但我们没有理由不去成功地建造核聚变发电厂。在100年、200年或500年内，海水很可能会成为我们最重要的能源。完成所有这些，所需要的也只是足够的资金和资源用以研究主要的科研项目，直到我们成功为止。但是问题还是依然存在：几乎取之不尽的清洁能源，是否真的意味着我们所有问题的终结？

并不尽然。能源确实是我们的首要需求，但我们的其他物质需求并不会因能量充沛就自动被满足。自行车的齿轮仍会磨损，而钢塔也依然会生锈。为了弥补我们失去的东西，我们就需要持续粉碎越来越多的岩石。但无论我们有多少能量，地壳上的孔穴与成堆的废弃物都不会重新变成岩石。我们或许会拥有足够多的材料——但我们并不想要一个完全被挖掘并被粉碎的世界。

更重要的是，我们仍然需要食物、空气和水。洁净的空气、清洁的水以及肥沃的土壤，需要的不仅仅是能源，还需要能够发挥功能的生态系统，而生态系统依赖于充足且准确类型的营养物质与一长串脆弱机制协同起效的能力。

空间中的元素

对于我们应该开采地球上的多少资源，这很可能会触及一个上限。不过话又说回来，我们为什么要把自己只限制在地球上呢？我们实际上可以利用整个宇宙。

我们已经在使用来自太空的材料——只要看看图坦卡蒙那把取材于天外陨铁的匕首。每年都有数以万计的陨石撞向地球，尽管其中大多数只有一粒尘埃大小。我们每年从外层空间获取大约2500吨铁、600吨镍和100吨的钴。相对而言，我们每年从地壳中开采出的这些金属分别是15亿吨、200万吨与11万吨。

外太空确实充满了各种物质。仅在我们的太阳系中就有数千颗小行星——

它们是围绕太阳公转的物体，但比行星要小得多。最小的小行星仅有鹅卵石大小，而已知最大的小行星是谷神星，其直径约为1000千米。多数小行星位于活性和木星之间的一条带上，距离地球3亿千米到5亿千米。与地球相距更近的小行星很可能还有数千颗，其中有250颗是目前已知的。根据估算，会有超过1000颗非常大的天体将在未来某个时刻与地球靠近，近到足以击中地球。

小行星实在太遥远，难以研究。通过观察从小行星表面反射并传送到地球上的光线，或者根据空间探测器在相对靠近小行星时所拍摄的图像，研究人员可以了解小行星的构造。他们还会研究实际坠落到地球上的陨石，并猜想它们和小行星之间的相似之处。

迄今为止，科学家们已知的小行星中，大约有四分之三是由碳、氧以及地球上其他常见的元素组成的。它们还含有大量以冰的形式存在的水。第二种常见的小行星则主要由铁、硅、镁组成，只有不到10%的小行星含有金属态的铁以及其他有价值的元素，如钴、金、铂和钯。

太阳系中原材料的总量巨大，而且已有商业公司计划开采它们。从小行星上开采材料要比从行星或月球上开采更容易，因为小行星的体积更小，因此几乎没有引力场。这意味着，宇宙飞船在着陆时不需要消耗能量来刹车。或许更为重要的是，它们不需要使用太多能量就可以将自身以及开采出来的任何材料从小行星表面提升到太空。从小行星上采矿，需要将这些物质分离出来，在某种旋转的轮子里分离出所需的矿物，然后让这些物质自己飘浮起来，或是将其收集在一张巨大的网中拖回地球。

这个计划主要的缺陷就是，小行星距离我们实在太远了。如果有人计划作为矿工被送入太空，那么他们得想清楚，这至少需要离开几年。只有很少的人在太空中待过一年左右，其结果并不让人振奋。长期失重会损害肌肉、血液、平衡感与视力。派出航天员的替代方案，可以是用无人操控的航天飞机完成整个工作。还有一个更为简单的选择是抓住一颗小行星，并将其拖到距离地球更近的地方——例如，进入绕月球飞行的轨道——然后让航天员短途出差就可以将其拆解。

或许在未来，我们将会真正从外太空获取我们所需的一切，不再依赖地球上的矿产，从而使我们的生态系统进一步摆脱负担。我们可以利用核聚变的能量生产将航天飞机送入太空所需的燃料，并带回原材料。这在理论上是个好主意，但在现实中却面临着巨大的挑战。地球上的矿物，只要拥有锄头、铲子、一些化学品和燃料，任何人几乎都可以开采。太空旅行却是一个耗资巨大且操作复杂的活动，只为富人而保留。我们从外太空获取所需一切的社会，它的组织方式必将和我们所知的世界截然不同。

我们还没有完全做好将小行星的资源运回地球的准备，但在此前却已经实验过了一次：2010年，一艘太空舱抵达地球，其中携带着由日本"隼鸟号"探测器从小行星丝川采集的几抔尘土。2018年6月，又一则新闻曝光，其继任者"隼鸟二号"成功降落在了小行星龙宫（Ryugu）上。如今，日本和美国太空项目的科学家们希望他们能够在2020年时从龙宫上获取几克物质。2016年，美国国家航空航天局（NASA）发射了它们自己的宇宙飞船OSIRIS-Rex[①]，并计划使用机械臂从其表面挖掘出尘土与石头，采集几磅材料，并预计会在2023年返回地球。前往距离地球最近的小行星，每一次探险都需要耗费大约7年的时间才能采集几磅未知的材料。

与聚变能源的发展一样，一个基于外太空元素的未来，需要长期维持大型而昂贵的研究项目。换言之，这远远不是一种能被用来解决近期可能出现的问题的简单方法。

渴望在太空中赚钱的商业公司也意识到，

▲ 美国国家航空航天局（NASA）
发射的宇宙飞船 OSIRIS-Rex

---

① OSIRIS-Rex，全称为 Origins Spectral Interpretation Resource Identification Security Regolith Explorer，源光谱释义资源安全风化层辨认探测器。飞船于 2018 年 12 月抵达小行星贝努（Bennu）。

要想通过出售小行星上的黄金与钴获利，还需要很长的一段时间，因此他们已经将焦点转移到太空中可能有用的资源上。从地球表面向上空运送材料非常昂贵，如果航天员准备在太空中逗留更长的时间，那么从地球大气层以外开采他们所需的水和氧气就是有利可图的。商业公司可以从最常见的小行星上开采出冰，并将其存放在太阳系中处于战略位置的仓库中，供航天员在未来的航行中使用。在太阳能的帮助下，冰可以用于生产氧气和氢气，其中氢气可以用作宇宙飞船的燃料。因此，在短期规划中，太空资源还将留在太空，并不会被用于建造地球上的基础设施。

远离地球？

如果我们选择相信如今最富远见的思想家，比如埃隆·马斯克和已故的史蒂芬·霍金，那么人类的未来将不会守在地球上。现在是我们人类该迁移到其他星球的时候了，因为我们出发的这颗行星看起来将无法照顾我们更多的后代。如果你的性格更为悲观，那么我们已面临足够多的问题，如气候变化、生态系统的崩溃以及资源的枯竭，每一项都足以成为我们迁出的理由。

许多电影和书籍都以人类通过迁入太空逃离一颗垂死的星球为主题。2016年8月，我在奥斯陆大学图书馆观摩了物理学家基普·索恩的讲座，他在次年因为引力波方面的研究获得了诺贝尔奖。2016年，他所演讲的题目是电影《星际穿越》（Interstellar）背后的物理学。在这部电影中，一群勇敢的宇航员被送入太空，当所有的生态灾难摧毁地球后，他们在寻找一颗新的可以供人类居住的行星。

电影中的科学家面临的最大挑战是找不到合适的可替代的行星，或者是发现不了太空中的虫洞从而让宇航员不再需要数千年的时间往返。最困难的事情莫过于让大量的人离开地面。我们这颗行星的引力大得可怕。将几吨的卫星投入太空就需要携带巨型燃料舱的火箭。根本没有足够的能量支撑所有人都开启这段旅程。

在《星际穿越》中，由于地球上大多数人都已经死于饥荒和痛苦，这项任务反而变得更容易了。后来，在电影的结尾时，我们的主角在一个黑洞的中心遇到了一些多维生物，正是这些多维生物帮助他理解了如何暂时关闭地球的引力，从而将庞大的人类群体送入太空。

"这是一个疯狂的想法，但我们不能肯定地说，这不可能发生。"基普·索恩在图书馆对着观众说道。这是一句真理：不可能证明某件事是不可能的。然而，与此同时，我不认为这是我们能够将未来押注的事情。

在我们的太阳系中，没有其他适宜居住的行星。生命花费了数亿年的时间，将我们居住的这颗星球改造成一个适宜我们生存的星球——有土地、水资源，还有刚好够用的氧气让我们可以呼吸，还有在大气最外层保护我们免受有害辐射的臭氧层。我们的肌肉、骨骼还有血管都可以精确地适应地球上的重力。我们可以在火星的地下深处建立殖民地，寄希望于我们能够学会如何改变整个行星的大气层，以便终有一天它也可以适合地表的动、植物生存。然而，对于如何保护好已经拥有的地球，我们的认知如此贫瘠，考虑到这一点，这一主张似乎不太可能实现。

或许宇宙中已经存在适宜居住的行星正围绕着其他恒星转动。相邻的恒星中，最近的一颗距离我们有4光年——是我们到月球距离的一亿倍。到达那里需要数百年的时间，因此有机会抵达那里的人，将会是我们送走的航天员们遥远的后裔。他们也许不会再选择去什么地方旅行。鉴于我们对数光年以外的行星知之甚少，他们对自己抵达的星球也不会了解太多。或许最为重要的是，当他们最终抵达时，他们甚至无法打个电话回来求助，因为信号需要在很多年后才能来到我们地球这里。这就是我们想要给我们后代的未来吗？

总而言之，不管我们地球上的问题看起来有多大，这些替代性的计划似乎还困难得多。即使我们曾经有机会开发清洁能源技术、太空资源或是在其他行星上定居，未来几十年或数百年里，我们也仍然必须首先设法在地球上维持一个丰富而复杂的社会。

第十章

我们能让地球消耗殆尽吗？

我们不能让地球耗尽资源。事实上，"耗尽"可能是个错误的表达。我们在地球上所拥有的一切都还会留在地球上（除了那些非常非常轻的气体）。当我们使用氦气时，它会消失在太空中（这个问题与它自身相关，或许是个不错的理由可以用来拒绝给你的下一个生日派对购买那些氦气球），但是不管我们用在各种物品中还是构造自己的身体，所有的铁、铝、金和碳都会进入不同的循环，并永远地留在我们的星球上。地球的循环将确保一切都会在下一轮使用时得到清理、富集，万事俱备——对于那些有时间等待的人而言就是这样。

时间并非我们一直拥有的东西。水，是的。空气，很可能也是。只要我们能在肥沃的土壤中播下新的种子，那么植物材料也是一种可再生资源。但是铁和铝呢？不可能。大自然需要数百万年的时间来重新组合我们散落到土地和海洋中的所有铁原子，并形成矿床，以便我们能够再一次挖出铁。这需要火山与板块的移动。我们开采的大部分铁来自地球历史上的一次重大变化，当时生命第一次开始产出氧气，而这是我们不能指望再一次发生的事情。

当这样的循环变得太慢时，资源实际上对我们而言就变得不可再生了。逝去的已经逝去，一旦从地壳中开采出来，就不能再被开采一遍。

增长的极限

1972年，《增长的极限》（*The Limits to Growth*）一书将焦点落在了这个问题上。挪威物理学家乔根·兰德斯是作者之一，他后来成为一名经济学教授，并担任BI挪威商学院的院长。这本书展示了整个世界经济用计算机模拟的结果，用于计算商品价格、粮食生产、污染以及人口增长在未来将会如何发展——假设随着最优质的矿产被掏空，资源开采将会需要越来越多的能源和资金。

这本书最突出的结论是，持续的增长将不可避免地导致我们触及很多自然的边界，不管这边界指的是我们可以从不同的资源中攫取多少，还是我们的地球能够处理多少废弃物。这一模型指出，如果人口和我们的生活水平持续增长，社会将会被迫把越来越多的资源用于维持增长。在某种程度上，或许就是21世纪的某个时间点，社会将不再能够维持必要的生产水平。产量的下降将会导致经济衰退、粮食减产、生活水平下降，而且长期来看，还有人口的减少。

《增长的极限》一书的作者们定下了乐观的基调。他们的模型显示，如果社会放缓并逐渐停止人口增长（最好是通过教育、养老和经济保障等方式吸引人们少生孩子）和生产增长（在我们跨过自然边界太远之前），那样的话，事情就会以温和的方式发展，对大多数人而言不会有很大的负担。另一方面，如果我们选择忽视这些边界存在的事实，直到它们很明显已经被突破以后，那就可能会导致更加令人吃惊的后果，经济会崩溃、饥荒会发生，还有人口也会不受控地下降。1972年，我们仍有足够的时间、全世界的常识与智慧，或许能够以合理的方式成功地完成这个计划。

这本书在全世界各地售出了数百万册，引发了广泛的争论。评论家们认为直到现在，这本书只是基于对现实的简化描述。世界经济并不像数据模型所依据的那样遵循简单的规律。书评家们认为，这本书忽略了终极资源：人类的智慧。如果自然资源匮乏，我们就会找到更好的恢复方法。如果我们的石油太少，就会从太阳能面板和风力涡轮机中获得所需的能量。这正是我们一直以来如何努力让自己摆脱困境的办法。对我们来说，没有任何边界会是绝对的。

学术界并不是直到1972年才第一次发出警告，世界正在面对即将到来的资源短缺与社会崩溃。在整个历史长河中，人们一次又一次提出了对极限的关注。托马斯·马尔萨斯（Thomas Malthus）是最著名的悲观主义者之一，他在1798年就警告称，人口增长将会导致饥荒。1766年，被称为社会经济学学科创始人的亚当·斯密（Adam Smith），讲述了人类和所有其他生物一样，必须保持在一定的自然边界内。描绘出如此暗淡画卷的漫长历史，或许本身就是一个论据，一劳永逸地结束了这些世界末日的语言。公平地说，迄今为止一切顺利。人类已经证明，我们不需要担心自然的极限。

事实果真如此吗？既然到目前为止一切都进展顺利，那它还将永远良好地保持下去吗？

增长的速度还在加快，越来越快

社会增长，无论是人口增长还是经济增长，通常都会用百分比来描述。经济"以每年2%的速度增长"描述的这件事，同样是你将资金放在银行从中获得利息时的状况。例如，如果你把100美元存入一个优质的储蓄账户，你可以享受10%的利率，这样一年后你在同一个账户中就将拥有110美元。这一年的利润是100美元的10%，也就是10美元。再过一年，你还将获得110美元的10%，也就是11美元的利润。然后，账户余额就增加到了121美元。接下来的一年，你又会赚取12.10美元——以此类推。虽然利率是一样的，但你每年赚的钱却越来越多（假设你没有从账户中取出任何资金）。8年后，你的账户将会有超过200美元，因为10%的利率会促成初始值在7年零4个月后翻倍，无论你开始在账户中放入多少钱。

每一年都以确定百分比增长的类型被称为指数增长。当某个事情呈指数增长时，总量总是会增加得越来越快。尽管增长会随着时间的推移而变化，但地球上的人口数量，还有我们使用的地球资源，现在就是这个处境。

想象你此刻坐在体育场中距离舞台最近的一个座位上。

体育场内外的所有门都关闭了。

然后，有人在体育场的中央放了一滴水。在魔法的加持下，这滴水每分钟的体积会增加一倍。

一开始，没发生什么大不了的事。大约需要12分钟的时间，水滴才会大到足以装满一个水杯。而你，甚至还不能从看台上看到它。44分钟后，体育场中的水也只是半满，在你的脚甚至还没被弄湿前，你认为还有足够的时间离开。

但是由于每分钟的水量会是原来的两倍，体育场在1分钟后就被填满了。5分钟前，水还仍然只占据体育场4%的体积，在那个时候，你还没有意识到接下来将会发生的任何事情。

在一个以指数增长的系统中，我们总是会处在一个非常特殊的时期。虽然每年都以相同的百分比稳步增长，但是增长的绝对值却越来越大。每一年，我们都比以往任何时候所拥有的更多。虽然到目前为止一切进展顺利，但是这并不意味着将来还会继续如此。总有一天，当水淹过脑袋的时候，端坐的我们却还觉得这一切是突然发生的。

也许我们正生活在这样一个时代，头也不回地撞向地球的极限。最起码，我们的近亲后代会是如此。这并不意味着很久以前警告我们的人就是错的，这只是意味着，如果我们当时听从了，那么我们今天会处于更好的状况。

经济增长的必要性

作为一名物理学家，我似乎很清楚自然的局限性理应存在。因此，我也很难理解，为什么经济学家总是坚持经济的持续增长。我同意，世界上最贫穷的国家迫切需要允许它们的公民与政府增加消费，从而提高生活水平。而挪威已经是世界上生活水平最高的国家之一，我们还不知足吗？难道现在还没到少工作、多休息的时候？为什么我们的经济还要持续增长？

问题的答案在于经济本身。我们的经济建立在增长的基础上，许多人会说，增长的替代品并不是停滞，而是崩溃。

在某个时候，金钱是绝对价值的衡量标准。一枚金币作为钱币时是有价值的，但作为黄金也是如此。后来，金币被其他价值较低的金属以及纸币所取代，这些钱币本身并不具备真正的价值。所有这些都是具有特定价值的一种象征——优先还是黄金——被存放在银行的金库中。相比于携带贵重的黄金到处招摇，人们更愿意用黄金的象征进行交易。

如今的情况却并非如此。

想象一下，你打算在你的社区开一家面包店。签订租赁协议、购买设备、雇用厨师与售货员，还有推销新业务，这都需要花钱。然而，你确实期望一段时间后，你从面包店经营中获得的资金将会超过你所需的全部经营费用。因此，你去银行申请贷款。

银行审查了你的计划，并同意贷给你创业所需的资金。银行并不是出于慈善才这么做，而是因为这是一桩能够看到增值机会的生意。如果银行自己留着钱，那么钱会保持原值，但是如果它把钱借给你，你会用钱开始这桩理想的生意，其价值甚至会超过原值。几年后，你可以偿还你从银行借的钱以及一大笔利息。银行通过贷款赚钱，你通过面包店赚钱，每个人都很开心。

这是推动我们经济向前发展的原理：我们笃定明天会更好。货币的价值并不在于黄金，而是在于对未来的希望。当我们年轻的时候，我们不会等到攒够了钱全款买下房了；我们会从银行贷款，最终的成本会比实际购买时价格高得多，但这仍然是有意义的，因为我们期望未来会有更高的工资。公司通过出售股票来获得资金，从而得以更换旧设备并开始新的经营，只要买家们期望公司在未来会取得成功，股票对他们而言就是有吸引力的，这样也就抬升了股票的价值。如果每个人都有一袋黄金供他们自己使用，那我们的经济结构就是这样的：当你不需要花钱的时候，让别人使用你的钱就是有价值的。这就是社会资源如何被使用的方式，它们可以为人们的利益创造更多的产品与服务。当你的面包店每个月销售出更多的肉桂卷时，经济就会增长，这样也会让你自己有钱可赚、更换破碎的咖啡杯，还可以向银行支付利息。

现在，让我们假设经济不再是增长，而是在萎缩。你每个月卖出的肉桂卷越来越少。这样一来，你就很难赚到足够多的钱去更换你的破杯子或旧烤箱。如果你要求银行帮你获得一笔新的小额贷款，他们就会查看你的账户，并认为你会在支付利息时遇到问题，这样你就被拒绝了。当然，这对你的生意而言很糟糕。你可能不得不关门大吉，解雇烘焙师和售货员。这导致他们能够在附近一家面包店购买肉桂卷的钱也越来越少。这样一来，这家面包店的经营也出了问题——事情就开始滚雪球了。经济衰退导致失业和社会动荡。对于那些统治国家的人而言，避免这种情况的发生非常重要。

根据一些理论，一个稳定的经济体也无法随着时间的推移而维持。如果你想贷款购买一台新烤箱，这并不足以直接说明你每个月都能销售相同数量的肉桂卷。银行方面会说，如果你今天买不起新烤箱，一年后你还是会买不起。在没有预期增长的情况下，给附近的面包店贷款或购买它们的股份似乎更有意义，因为这家店刚刚开了一家分店，拥有如饥似渴的顾客。世界经济只有上升或下降，不会向前直线发展，这也就是为什么生活在富裕西方国家的人们也必须要为经济增长而努力。

不使用过多的资源，经济还能增长吗？

对于一个社会稳定而繁荣的国际社会，经济增长可以是一项绝对条件。与此同时，即使是最热忱的资源乐观主义者也同意，资源的总使用量不可能永远持续增长。我们就以能源为例：化石能源的消耗在未来不会过多增长，因此未来几十年应该会是急剧下降。这种能源在某种程度上可以被可再生能源替代，但是如果我们看得更长远些，我们能够用太阳能电池和风力涡轮机覆盖的地域也是有限的。持续的指数增长所需的能量，最终将会超过太阳与地壳所能供应的全部能量。从长期来看，永久的指数经济增长，不会和能源使用的增长相对应。

乐观主义者会回应：这没有一丁点儿问题。我们当然可以在能源消耗不增加的前提下实现经济增长。我们只需要让每单位经济效益所消耗的能源更少，这是一直在发生的事实。例如，我们已经从使用白炽灯转变为使用LED灯泡，在白炽灯中，我们传输到灯泡中的电能大部分都转化成了热能，而使用LED灯泡时，几乎所有的电能都转化成了光。由于我们想要的是光而不是热，于是我们用的电能虽然少得多，却获得了同样的经济效益（光）。只要我们继续提高效率，就可以在不需要更多能源的条件下让经济增长。

经济增长和资源增长之间的这种脱节似乎很有吸引力。我们可以拥有蛋糕，还可以享用蛋糕：在这样一个社会里，新一代成年人的生活总是会比他们的父母好一点儿，同时又为他们的后代照看地球。问题解决了！

▲ LED灯几乎把所有的电能都转化成光

　　但真的如此简单吗？

　　假设我们已经达到了能源消耗的极限。经济还将继续增长，但是我们不再多使用哪怕一个单位的能量。如果经济增长放缓——每年可能只有1%——那么经济规模每70年将会翻一番。与此同时，能量是恒定的。也就是说，从现在起，70年后我们的效率就会大幅提高，我们制作每一个肉桂卷、我们打理每一个发型、我们开发每一个流感疫苗、我们修建每一尺高速公路，都只会消耗现在一半的能源。140年后，我们只使用其中四分之一，210年后是八分之一，280年后则是十六分之一，到了700年后，我们遥远的后代只用我们今天所用能源的千分之一来梳洗打扮、治疗疾病，还有从地壳中发掘铁。

　　LED灯泡确有其事，然而这种假设却近乎荒谬。物理、化学和生物过程都需要能量，这简单又明了。甚至互联网也在使用能量。对于你在谷歌上进行的每一次搜索，还有在脸书上点击"喜欢"的每一篇帖子，世界某个地方的计算机上都为此进行着能量密集的运算。如今，互联网需要的电能占全世界3%以上，而在五年以后，这一比例可能会上升到20%。

一个无解的矛盾？

我们的资源消耗根本无法增加，否则我们将会走向生态崩溃、社会动荡、战争与苦难。

与此同时，经济必须增长，否则我们将面临经济崩溃、社会动荡、战争与苦难。即便只是谈论经济增长的放缓，这一行为也是危险的，因为这会把人们吓得不敢投资，从而导致经济衰退。

人类的未来既取决于增长，也取决于增长的不足，但我们却不能同时拥有这两者。

这似乎是一个无解的矛盾。人类注定要失败吗？难道我们能做到最好的事，就是让火车继续开着、吃着蛋糕，佯装什么都没看见，直到火车撞上山壁吗？

对此我并不同意。我们无法改变物理或生物的运转方式，但经济却是人类构建的。我们制定了规则，但我们也能改变它们。我们的经济体系了我们比很多祖先更好的生活，但是如果我们想让后代——不管是近是远——都过上好日子，现在我们就必须找到更好的方式。

宜居带

希望确实存在。综观整个世界，经济学的学生都在反抗，并要求学习适应我们这个时代与未来的替代性经济模式。资深的著名经济学家也开始质疑增长的绝对必要性。经济学家蒂姆·杰克逊在2017年出版的《无增长的繁荣》（*Prosperity Without Growth*）一书第二版中指出，在没有增长的条件下预测经济崩溃的模型并没有考虑到现实。通过适当地控制经济，或许社会能够抵消许多导

▲ 从外太空看地球

致停滞的经济陷入困境和衰退的机制。当经济学家允许自己探索经济零增长的后果时，他们就将有希望判断，何种策略能够在不破坏地球的前提下发挥作用，给人类带来美好的生活。

在2017年出版的《甜甜圈经济学》（*Doughnut Economics*）一书中，英国经济学家凯特·拉沃斯将我们的经济描述成一块金色的甜甜圈。经济规模只有足够大时，才能为地球上所有居民提供足够的粮食、洁净水、医疗、教育、工作以及社会保障。它必须要和甜甜圈中心的孔洞保持距离。但它也不能太大，因为它必须足够小，以维持污染水平、生态系统的压力以及资源的消耗都在地球的极限之内。这些边界，形成了甜甜圈的外边缘。我们的生活，最好就是在这些内外边界之间的地带。

在每一个恒星系中，都有一个生命可能存在的区域。离恒星不能太近，因为那样的话，所有的水都会蒸发掉。但也不能离得太远，那样所有的东西就都被冻上了。若是在两者之间，只要恰到好处——那就是我们有机会蓬勃发展的地方。一块金色的甜甜圈。那是我们生活的地方，就在我们的这颗星球上。

致谢

感谢挪威非小说作家与翻译家协会的资助，也感谢奥斯陆大学物理系可以让我休假一段时间来创作这本书。感谢亨利克·斯文森提供的金玉良言，感谢安德尔斯·马尔斯–索伦森提供的支持，还要感谢挪威以及国外亲密又热情的研究合作伙伴们。

感谢杰西卡·罗恩·斯坦斯罗德、艾文德·托格森、阿斯蒙德·艾肯内斯和佛里达·罗伊尼在各个阶段对手稿进行了通透而又批判性的阅读。感谢奥乐·斯旺，他检查了书中的化学部分。剩下的错误完全都是我自己的。

感谢我的编辑古罗·索尔伯格和卡格出版公司的其他同事，感谢他们热情的支持与宝贵的反馈。

还要感谢我的翻译奥利维亚·拉斯基完成了本书精彩的英文版。

最后但并非最不重要的是，感谢我的好朋友（你知道我说的是谁）和我无可挑剔的家人们。和你们在一起，我很幸运。

参考文献

　　研究型文章通常很难让领域之外的人读懂。所以，当我在写作时，经常在文章中引用杂志文章、博客文章或维基百科，而不是原始论文，这样你就可以真正利用这一部分来激发你自己进一步阅读的灵感。当然，我这样做的时候一定要确保自己所引用的文本是基于可靠的来源。为了节省篇幅，一些引用次数较多的资料都以简写的形式呈现。

反复出现的来源

Arndt et al. (2017): Arndt, N. T., et al. "Future Global Mineral Resources." Geochemical Perspectives 6 (2017): 52–85.

Benton and Harper (2009): Benton, M. J., and D. A. T. Harper. Introduction to Paleobiology and the Fossil Record. Wiley–Blackwell, 2009.

Comelli et al. (2016): Comelli, D., et al. "The Meteoritic Origin of Tutankhamun's Iron Dagger Blade." Meteoritics & Planetary Science 51 (2016): 1301–9.

Cordell et al. (2009): Cordell, D., et al. "The Story of Phosphorous: Global Food Security and Food for Thought." Global Environmental Change 19 (2009): 292–305.

Courland (2011): Courland, R. Concrete Planet. Prometheus Books, 2011.

Gilchrist (1989). Gilchrist, J. D. Extraction Metallurgy. Pergamon Press, 1989.

Giselbrecht et al. (2013): Giselbrecht, S., et al. "The Chemistry of Cyborgs—Interfacing Technical Devices with Organisms." Angewandte Chemie 52 (2013): 13942–57.

Harari (2014): Harari, Y. N. Sapiens: A Brief History of Humankind. Harper, 2014.

Holmes (2010): Holmes, R. "The Dead Sea Works." mammoth (blog), February 15, 2010. m.ammoth. us/blog/2010/02/the-dead-sea-works. Jackson (2017): Jackson, T. Prosperity Without Growth: Foundations for the Economy of Tomorrow. 2nd ed. Routledge, 2017.

Kenarov (2012): Kenarov, D. "Mountains of Gold." Virginia Quarterly Review, January 25, 2012.

qronline.org/articles/mountains-gold. Khurshid and Qureshi (1984): Khurshid, S. J., and I. H. Qureshi. "The Role of Inorganic Elements in the Human Body." Nucleus 21 (1984): 3–23.

Lavers and Bond (2017): Lavers, J. L., and A. L. Bond. "Exceptional and Rapid Accumulation of Anthropogenic Debris on One of the World's Most Remote and Pristine Islands." PNAS 114 (2017): 6052–55.

Massy (2017): Massy, J. A Little Book About BIG Chemistry: The Story of Man-Made Polymers. Springer, 2017.

NRC (2008): National Research Council of the National Academies. Minerals, Critical Minerals and the U.S. Economy. National Academies Press, 2008.

OECD (2011): OECD. Future Prospects for Industrial Biotechnology. OECD publishing, 2011. dx.doi. org/10.1787/9789264126633-en.

Pipkin (2005): Pipkin, B. W., et al. Geology and the Environment. Brooks Cole, 2005.

Pomarenko (2015): Pomarenko, A. G. "Early Evolutionary Stages of Soil Ecosystems." Biology Bulletin Reviews 5 (2015): 267–79.

Robb (2005): Robb, L. Introduction to Ore-Forming Processes. Blackwell Publishing, 2005.

Rasmussen (2008): Rasmussen, B., et al. "Reassessing the First Appearance of Eukaryotes and Cyanobacteria." Nature 455 (2008): 1101–5.

Raworth (2017): Raworth, K. Doughnut Economics: Seven Ways to Think Like a 21st Century Economist. Chelsea Green, 2017

Smil (2004): Smil, V. "World History and Energy." In Encyclopedia of Energy, edited by C. Cleveland et al., 549–61. Vol. 6. Elsevier, 2004.

Street and Alexander (1990): Street, A., and W. Alexander. Metals in the Service of Man. 10th ed. Penguin Books, 1990.

Sverdrup and Ragnarsdóttir (2014): Sverdrup, H., and K. V. Ragnarsdóttir. "Natural Resources in a Planetary Perspective." Geochemical Perspectives 3 (2014): 129–341.

USGS (2018): US Geological Survey, Mineral Commodity Summaries 2018. doi.org/10.3133/70194932.

Wilburn (2011): Wilburn, D. R. Wind Energy in the United States and Materials Required for the Land-Based Wind Turbine Industry from 2010 Through 2030. Scientific Investigations Report 2011–5036. US Geological Survey, 2011.

Young (2013): Young, G. M. "Precambrian Supercontinents, Glaciations, Atmospheric Oxygenation, Metazoan Evolution and an Impact That May Have Changed the Second Half of Earth History." Geoscience Frontiers 4 (2013): 247–61.

O¨hrlund (2011): O¨hrlund, I. Future Metal Demand from Photovoltaic Cells and Wind Turbines— Investigating the Potential Risk of Disabling a Shift to Renewable Energy Systems. Science and Technology Options Assessment (STOA), European Parliament, 2011.

第一章　元素的七天创世史

Updated times for geological eras have been taken from the International Commission on Stratigraphy's

"International Chronostratigraphic Chart," v2017/02, stratigraphy.org/index.php/ics–chart–timescale.

星期一：宇宙的诞生

The early history of the universe, from the big bang, and the origin of the first atomic nuclei: G. Rieke and M. Rieke, "The Start of Everything" and "Era of Nuclei," lecture notes from the University of Arizona course

Astronomy 170B1, "The Physical Universe," ircamera.as.arizona.edu/ NatSci102/NatSci102/lectures/eraplanck.htm,ircamera.as.arizona.edu/ NatSci102/NatSci102/lectures/eranuclei.htm.

The origin of the elements: J. Johnson, "Origin of the Elements in the Solar System," Science Blog from the SDSS: News from the Sloan Digital Sky Surveys, January 9, 2017, blog.sdss.org/2017/01/09/ origin–of–the–elements–in–the– solar–system.

How oxygen is made: B. S. Meyer et al., "Nucleosynthesis and Chemical Evolution of Oxygen," Reviews in Mineralogy and Geochemistry 68, no. 1 (2008): 31–35.

The first stars and galaxies: R. B. Larson and V. Bromm, "The First Stars in the Universe," Scientific American 285, no. 6 (2001): 64–71.

星期五：我们的太阳系形成了

The solar system's origin from the pressure wave of a supernova: P. Banerjeeet al., "Evidence from Stable Isotopes and 10Be for Solar System Formation

Triggered by Low–Mass Supernova," Nature Communications 7 (2016): 13639.

"Habitable zones" ——the area where the distance from the star is just right for life: NASA, "Habitable Zones of Different Stars," nasa.gov/ames/ kepler/habitable–zones–of–different–stars.

The theory of the moon's origins: R. Boyle, "What Made the Moon? New Ideas Try to Rescue a Troubled Theory," Quanta Magazine, August 2,2017, quantamagazine.org/ what–made–the–moon–new–ideas–try–to–rescue–a–troubled–theory–20170802.

Heavy elements sank into the middle of Earth; the ones we extract from Earth'scrust came later from meteorites ("Late veneer hypothesis"): Robb (2005).

The first ocean: B. Dorminey, "Earth Oceans Were Homegrown," Science,November 29, 2010, sciencemag.org/news/2010/11/earth–oceans–were–homegrown.

When did plate tectonics start? On various theories and results: B. Stern, "When Did Plate Tectonics Begin on Earth?," Speaking of Geoscience:The Geological Society of America's Guest Blog, March 15, 2016,speakingofgeoscience.org/2016/03/15/when–did–plate–tectonics–begin–on–earth.

星期六：生命启动了

There is no precise answer for the duration and timing of "the bombarding of Earth's crust" (late heavy bombardment): Wikipedia, "Late Heavy Bombardment," updated June 19, 2018, en.wikipedia.org/ wiki/Late_Heavy_Bombardment.

Earth's magnetic field arose "during the night" : New results date the Earth's magnetic field to be at least 4 billion years old (before midnight), compared to the roughly 3.2 billion years that was previously estimated.S. Zielinski, "Earth's Magnetic Field Is at Least Four Billion Years Old," Smithsonian, July 30, 2015, smithsonianmag.com/science-nature/earths-magnetic-field-least-four-billion-years-old-180956114.

Earth's very first organisms harvested their energy from chemical compounds deep in the oceans; summary of new theories: R. Brazil, "Hydrothermal Vents and the Origin of Life," Chemistry World, April 16, 2017, chemistryworld.com/feature/hydrothermal-vents-and-the-origins-of-life/3007088. article.

Earliest photosynthesis; the iron in the oceans rusted and oxygen poured into the atmosphere (Great Oxygenation Event): Rasmussen (2008). As described here, photosynthesis may have started later than what I write in the book.

The composition of Earth's early atmosphere: D. Trail et al., "The Oxidation State of Hadean Magmas and Implications for Early Earth's Atmosphere," Nature 480 (2008): 79–83.

Global ice age up to a quarter past nine (Huronian glaciation): Young (2013).

The first life-forms on land, after the ozone layer settled in place: Pomarenko (2015).

星期日：生机勃勃的地球

First organisms with cell nuclei: Rasmussen (2008).

First multicellular organisms: S. Zhu et al., "Decimetre-Scale Multicellular Eukaryotes from the 1.56-Billion-Year-Old Gaoyuzhuang Formation in North China," Nature Communications 7 (2016): 11500.

New global ice age from a quarter past three, followed by complex ecosystems in the oceans ("the Cambrian explosion"): Young (2013).

First animals and then plants on land, with subsequent development of the landscape: Pomarenko (2015).

Global ice age at 6:36 (Ordovician-Silur Mass Extinction): P. M. Sheehan, "The Late Ordovician Mass Extinction," Annual Review of Earth and Planetary Science 29 (2001): 331–64.

Extinction at 7:28 (the end of Devon): A. E. Murphy et al., "Eutrophication by Decoupling of the Marine Biogeochemical Cycles of C, N and P: A Mechanism for the Late Devonian Mass Extinction," Geology 28 (2000): 427–30.

Mass extinction 8:56, Sunday night: Z.-Q. Chen and M. J. Benton, "The Timing and Pattern of Biotic Recovery Following the End-Permian Mass Extinction," Nature Geoscience 5 (2012): 375–83.

Mammals and dinosaurs before 9:30 and a new global warming at 9:34 (Triassic Jurassic Mass Extinction): Benton and Harper (2009).

At 11:25 (early Eocene), temperatures began to fall: R. A. Rhode, "65 Million Years of Climate Change," en.wikipedia.org/wiki/File:65_Myr_Climate_Change.png.

11:43 (the transition to the Miocene), grassy plains: B. Jacobs et al., "The Origin of Grass-Dominated Ecosystems," Annals of the Missouri Botanical Garden 86 (1999): 590–643.

Hominoidea from other apes at 11:45, humans from the Hominoidea, first stone tools, use of fire: Benton and Harper (2009).

Ice ages and intermediate ages since one minute and twenty seconds ago:T. O. Vorren and J. Mangerud, "Glaciations Come and Go," in The Making of a Land: Geology of Norway, ed. I. B. Ramberg et al., trans.

R. Binns and P. Grogan, Norsk Geologisk Forening (Norwegian Geological Society), 2006.

Bonfires in daily use, Homo sapiens, Neanderthals exterminated, language, technological development: Harari (2014).

午夜前的半秒钟：文明时代

The emergence of agriculture, kingdoms, written language, money,religions, scientific revolution: Harari (2014).

Copper, iron: Arndt et al. (2017).

Steel: World Steel Association AISBL, "The Steel Story," 2018,worldsteel.org/steelstory.

Humans' use of energy, including livestock, hydropower, industrial revolution: Smil (2004).

Antibiotics: R. I. Aminov, "A Brief History of the Antibiotic Era: Lessons Learned and Challenges for the Future," Frontiers in Microbiology 1 (2010): 134.

Mankind in outer space: N. T. Redd, "Yuri Gagarin: First Man in Space," Space.com, July 24, 2012, space.com/16159-first-man-in-space.html.

人类与未来

The figures for the world's population throughout history are averages of the values from ten different sources summarized in Wikipedia, "World Population Estimates," updated July 21, 2018, en.wikipedia.org/wiki/World_population_estimates. Today's population is taken from

Worldometer at worldometers.info/world-population.

第二章　闪光的不都是金子
地壳如何帮了我们一个忙？

The geological history of Roşia Montană: I. Seghedi, "Geological Evolution of the Apuseni Mountains with Emphasis on the Neogene Magmatism—A Review," in Gold-Silver-Telluride Deposits of the Golden Quadrilateral, South Apuseni Mts., Romania, ed. N. J. Cook and C. L. Ciobanu, IAGOD Guidebook Series 12, International Association on the Genesis of Ore Deposits, 2004.

How gold is transported via water: Robb (2005).

第一桶金

Gold ten thousand years ago: Sverdrup and Ragnarsdóttir (2014).

沙里淘金

Gold was humankind's first metal: Sverdrup and Ragnarsdóttir (2014).

First large-scale mining with washing pans: Gilchrist (1989).

Mining five thousand years before our era in the Carpathian region and in the Balkans: H. I Ciugudean, "Ancient Gold Mining in Transylvania: The Roşia Montană–Bucium Area," Caiete ARA 3 (2012): 101–13.

The legend of Jason and the Golden Fleece: Wikipedia, "Jason," updatedSeptember 4, 2019, en.wikipedia.org/wiki/Jason.

Use of sheepskin in gold extraction: T. Neesse, "Selective Attachment Processes in Ancient Gold Ore Beneficiation," Minerals Engineering 58 (2014): 52–63.

罗西亚蒙大拿的金矿

Fire setting used by the Dacians; the Romans defeated Dacia in 106; 165 tons of gold; the Habsburgs: Roşia Montană cultural foundation: Rosia Montana Cultural Foundation, "History," rosia-montana-cultural-foundation.com/history.

Fire setting in Norwegian mines until the end of the nineteenth century:Wikipedia, "Fyrsetting," updated April 13, 2018, no.wikipedia.org/wiki/Fyrsetting#cite_note-ReferenceA-5.

The history of Alburnus Maior, four miles of Roman mines, Habsburg water-powered crushing mills, developments after 1867: Kenarov (2012).

The Romans left the area in 271: D. Popescu, "Romania and Gold: A 6000 Years Relation," Dan Popescu—Gold and Silver Analyst (blog), August 27, 2016, popescugolddotcom.wordpress.com/2016/08/27/romania-and-gold-a-6000-years-relation.

在地表开矿

Nearly ninety miles of mining; open-pit mining from the 1970s: Kenarov (2012).

On open-pit mining and environmental consequences: Arndt et al. (2017).

有毒的记忆

How gold is separated from tailings: Gilchrist (1989).

Environmental problems, waste disposal sites: Pipkin (2005).

从石头到金属

Use of mercury: Gilchrist (1989).

Use of cyanide: Pipkin (2005).

Cyanide in cherry pits and hydrocyanic acid: Wikipedia, "Hydrogen Cyanide," updated January 27, 2020, en.wikipedia.org/wiki/Hydrogen_cyanide.

Cyanide is safe, in over 90 percent of the world's gold mines, over five hundred mines: T. I. Mudder and M. M. Botz, "Cyanide and Society:A Critical Review," European Journal of Mineral Processing andEnvironmental Protection 4 (2004): 62–74.

从一吨石头提炼一枚金戒指

1,700 metric tons extracted, quarry mining operation ended in 2006:Kenarov (2012).

Well over 300 metric tons of gold left: Gabriel Resources, "Projects: Rosia Montana," gabrielresources. com/site/rosiamontana.aspx. The figure 300 comes from Proven and Probable Reserves: 215 Mt @ 1.46g / t Au = 314 metric tons of gold; in addition, Measured and Indicated Resources: 513 Mt @ 1.04 g / t Au = 534 metric tons of gold.

Average gold ore concentration today and 150 years ago: Sverdrup andRagnarsdóttir (2014).

Roşia Montană is Europe's largest gold deposit: J. Desjardins, "Global Gold Mine and Deposit Rankings 2013," Visual Capitalist, February 9,2014, visualcapitalist.com/global–gold–mine–and–deposit–rankings–2013.

罗西亚蒙大拿的归宿

The battle for Roşia Montană: Kenarov (2012); Salvaţi Roşia Montană(Save Roşia Montană, website of the campaign against the mining project), rosiamontana.org.

Four new open–pit mines, cyanide extraction; Roşia Montană would be buried, including four churches, six graveyards: Gabriel Resources, "Management of Social Impacts: Resettlement and Relocation Action Plan," 2006, gabrielresources.com/documents/RRAP.pdf; Gabriel Resources, "The Proposed Mining Project," gabrielresources.com/ documents/Gabriel%20Resources_ProposedMiningProject.pdf.

250 million metric tons of waste: Gabriel Resources. "Sustainability: Environment." gabrielresources. com/site/environment.aspx.

黄金与文明

The price of gold, reaction to political events in 2016, what gold is used for today: US Geological Survey, Mineral Commodity Summaries 2017,doi.org/10.3133/70180197.

消失的黄金

All information in this section is taken from Sverdrup and Ragnarsdóttir(2014), except the number of metric tons mined in 2016, which was taken from USGS (2018).

第三章　不会终结的钢铁时代

"The Iron Age isn't over" ("We entered the iron age about 1,500 years ago,and have never left it"): Sverdrup and Ragnarsdóttir (2014).

The use of iron led to a revolution in warfare: J. Diamond, Guns, Germs,and Steel: The Fates of Human Societies, W. W. Norton & Company,1997.

没有铁，就没有呼吸的支点

Iron in the body's transportation system, four grams of iron in the body:Khurshid and Qureshi (1984).

步入铁器时代

Tutankhamen's dagger: Comelli et al. (2016).

All early iron objects come from meteorite iron: A. Jambon, "Bronze Age Iron: Meteoritic or Not? A Chemical Strategy," Journal of Archaeological Science 88 (2017): 47–53.

Deposits of metallic iron in Greenland: K. Brooks, "Native Iron:Greenland's Natural Blast Furnace," Geology Today 31 (2015): 176–80.

Production of iron from iron ore: Gilchrist (1989).

Half a ton of carbon dioxide per ton of iron: Sverdrup and Ragnarsdóttir(2014).

铁矿来自几十亿年前？

Almost all of the iron ore we dig up originated 2.5 billion years ago,extracted in open–pit mining: Arndt et al. (2017).

How the iron ore under Kiruna was formed: Robb (2005).

The relocation of Kiruna: F. Perry, "Kiruna: The Arctic City Being Knocked Down and Relocated Two Miles Away," Guardian, July 30,2015, theguardian.com/cities/2015/jul/30/kiruna–the–arctic–city–being–knocked–down–and–relocated–two–miles–away.

The timeline for the relocation, which has already begun, can be found at the website for Kiruna Kommun under "Tidslinje–Kiruna stadsomvandling" ("Timeline–Kiruna urban transformation"), kiruna.se/stadsomvandling.

从矿石到金属

Ore train to Narvik today: Bane NOR, "Ofotbanen," banenor.no/Jernbanen/Banene/Ofotbanen.

Largest iron metal manufacturers: USGS (2018).

Production of iron: Gilchrist (1989).

The use of hammered pig iron, cast iron, and wrought iron: Street and Alexander (1990).

Ore from the bogs in Scandinavia: L. Skogstrand, "Det første jernet" (The first iron), updated October 26, 2017, Norgeshistorie.no, norgeshistorie.no/forromersk–jernalder/teknologi–og–okonomi/0405–det–forste–jernet.html; Store Norske Leksikon, "Jernvinna" (Bloomery), updated December 12, 2016, snl.no/jernvinna.

令人趋之若鹜的钢

Manufacturing of steel, costly until the nineteenth century; structure andproperties: Street and Alexander (1990).

Vanadium, manganese, molybdenum, chromium, and nickel in steel: NRC(2008) and Sverdrup and Ragnarsdóttir (2014).

生锈的问题

Society spends a lot of money (5 percent of GDP, USA, 1978) on counteracting and repairing rust: E. McChafferty, Introduction to Corrosion Science, Springer, 2010.

How rust occurs and methods for preventing it: Street and Alexander (1990).

Standard for corrosion resistance (extra thickness of steel pylons to compensate for unavoidable rust): Norsk Standard, Eurocode 3: Design of Steel Structures—Part 5: Piling, NS-EN 1993-5:2007+NA:2010.

Stainless steel cutlery has a life span of at least 100 years: I say this because stainless steel cutlery can last "almost forever" and came on the market approximately 100 years ago. M. Miodowink, "Stainless Steel Revolutionised Eating After Centuries of a Bad Taste in the Mouth," Guardian, April 29, 2015, theguardian.com/technology/2015/apr/29/stainless-steel-cutlery-gold-silver-copper-aluminium.

Life span of steel constructions: Sverdrup and Ragnarsdóttir (2014).

我们的铁会被用完吗?

Production of iron vs. aluminum; production continues to increase; up to 360 billion metric tons estimated to exist, 30 to 70 billion metric tons already extracted: Sverdrup and Ragnarsdóttir (2014).

On documented reserves and "the lifetime" of the reserves: Arndt et al.(2017).

230 billion metric tons of resources estimated, 83 billion metric tons of reserves, extracting 1.5 billion each year: USGS (2018).

走出铁器时代?

"Quite recently, researchers have looked at all of these mechanisms in context" : The system dynamics model analyzes the evolution of production of iron and some other resources in Sverdrup and Ragnarsdóttir (2014).

第四章 铜、铝、钛——从灯泡到赛博格

Discussion about when it will be illegal to drive a car yourself, summer 2017: I. E. Fjeld, "Snart blir det ulovlig å kjøre selv" (Soon it will be illegal to drive a car yourself), NRK, July 4, 2017, nrk.no/norge/_-snart-blir-det-ulovlig-a-kjore-selv-1.13581330.

汽车,还有身体和水中的铜

Electric lighting widespread in the 1880s, cheap and reliable electrical energy: Smil (2004).

Amount of copper in cars right after World War II and now: NRC (2008).

Copper in the body: Khurshid and Qureshi (1984).

Copper in water pipes, possible poisoning: Norwegian Institute of Public Health, "Kjemiske og fysiske stoffer i drikkevann" (Chemical and physical substances in drinking water), updated November 19, 2018, fhi.no/nettpub/stoffer-i-drikkevann/kjemiske-og-fysiske-stoffer-i-drikkevann/kjemiske-og-fysiske–stoffer–idrikkevann/#kobber–cu.

Copper in metal form used eight thousand years before our time;hammering and processing: Encyclopedia
Britannica, "Copper Processing," updated May 1, 2017, britannica.com/technology/copperprocessing.

清除森林的铜矿

Extractable deposits in most countries, created via many geological processes, typical concentration of
0.6 percent: Arndt et al. (2017).

Deforestation in Spain, Cyprus, Syria, Iran, Afghanistan: Smil (2004).

Deforestation in Rørosvidda: L. Geithe, "Circumferensen" (Circumference),updated April 7, 2014,
bergstaden.org/no/hjem/circumferensen.

Outdoor processing, sulfur in the ore turned into sulfuric acid: L.Geithe, "Kaldrøsting" (Cold
calcination), updated September 10, 2013,bergstaden.org/no/kobberverket/smelthytta–pa–roros/
kaldrosting.

Copper ore processing done outdoors until the mid–1800s: "Komplex 99139911Malmplassen,"
regjeringen.no/contentassets/142481976cdc449f964609532920bd68/kompleks_99139911_
malmplassen.pdf.

A few decades before production will diminish: Sverdrup and Ragnarsdóttir (2014).

Ten times greater resources if we find deep deposits: Arndt et al. (2017).

铝：红云与白松

Most of my electric car is made of aluminum: J. Desjardins, "Extraordinary Raw Materials in a Tesla
Model S," Visual Capitalist, March 7, 2016,visualcapitalist.com/extraordinary–raw–materials–in–a–
tesla–model–s.

Aluminum in the body: Khurshid and Qureshi (1984).

Aluminum in my mobile phone: J. Desjardins, "Extraordinary Raw Materials in an iPhone 6s," Visual
Capitalist, March 8, 2016,visualcapitalist.com/extraordinary–raw–materials–iphone–6s.

8 percent of Earth's crust is aluminum: Arndt et al. (2017).

Yearly production of iron and aluminum, bauxite extraction, treatment with lye, red mud: Sverdrup and
Ragnarsdóttir (2014).

Bauxite extraction from tropical areas (Australia, China, Brazil, and Guinea were the biggest producers in
2017): USGS (2018).

The dam breach in Ajka, ten dead: Wikipedia, "Ajka Alumina Plant Accident," updated June 21, 2018,
en.wikipedia.org/wiki/Ajka_alumina_plant_accident.

Limited long–term effects of the Ajka accident: Á. D. Anton et al., "Geochemical Recovery of the Torna–
Marcal River System After the Ajka Red Mud Spill, Hungary," Environmental Science: Processes
&Impacts 16 (2014): 2677–85.

Aluminum expensive before the end of the 1800s; lowering the melting point with cryolite; electrical
circuits (the Hall–Heroult Process): Street and Alexander (1990).

The aluminum plant in Årdal, history: Industrimuseum, "Årdal og Sundal Verk A/S," industrimuseum. no/bedrifter/aardalogsundalverka_s.

Norway, the world's eighth–largest producer of aluminum: USGS (2018).

Purification systems in the 1980s: Wikipedia, "Årdal," updated June 6,2018, no.wikipedia.org/wiki/ Årdal.

Continued effects on deer teeth: O. R. Sælthun, "Mykje fluorskader på hjorten i Årdal" (A great deal of fluoride damage to deer in Årdal),Porten.no, February 22, 2017, porten.no/artiklar/mykje–fluorskader– pa–hjorten–i–ardal/393074; O. R. Sælthun, "Hydro:Vanskeleg å forstå at resultata er slik" (Hydro: Difficult to understand that the results are like this), Porten.no, February 22, 2018, porten.no/ artiklar/hydro–vanskeleg–a–forsta–at–resultata–er–slik/393079;Norwegian Veterinary Institute, "Helseovervåkingsprogrammet for hjortevilt og moskus (HOP) 2017" (Monitoring Program for Deer and Musk), www.vetinst.no/rapporter–og–publikasjoner/rapporter/2018/helseovervakingsprogrammet– for–hjortevilt–og–moskus–hop–2017.

用我们已用过的

Aluminum from other minerals; 60 percent recycling of aluminum likely more important than mining in a few decades: Sverdrup and Ragnarsdóttir (2014).

Elements in mobile phones: Desjardins, "Extraordinary Raw Materials in an iPhone 6s."

山上的钛

My car's undercarriage is made of titanium: Desjardins, "Extraordinary Raw Materials in a Tesla Model S."

Titanium in the human body, artificial teeth made of cast iron, artificial hips in 1938, need for materials in implants: Giselbrecht et al. (2013).

90 percent is used for pigment; some of the world's largest deposits in solid rock: Norwegian Institute for Cultural Heritage Research (NIKU),Konsekvensutredning for utvinning av rutil i Engebøfjellet, Naustdal kommune (Impact assessment for rutile extraction in Engebøfjellet, Naustdal municipality), Landscape Department report 30/08.

Extracted titanium in Norway for over a hundred years (extraction from the Kragerø field at the beginning of the twentieth century): Store Norske Leksikon, "Norsk bergindustrihistorie," (Norwegian rock industry history), updated December 20, 2016, snl.no/ Norsk_bergindustrihistorie.

Titanium from sand: Gilchrist (1989).

Using magnets, gravity, and foam (flotation) to sort out titaniumcontaining minerals, and environmental impacts of sea deposits:Norwegian Climate and Pollution Agency (Klif), Gruvedrifti Engebøfjellet— Klifs vurdering og anbefaling (Mining in Engebøfjellet—Klif's assessment and recommendation), March 19,2012.

On the battle against sea deposits and the geochemical arguments for sea deposits vs. landfill, two million metric tons of sludge per year in Titania Landfill: P. Aagaard and K. Bjørlykke, "Naturvernere lager naturkatastrofe" (Nature conservation creates environmental disaster),

forskning.no, June 14, 2017, forskning.no/naturvern-geofag-stub/2008/02/naturvernere-lager-
naturkatastrofe.

赛博格来了!

Most of the information in this section is taken from Giselbrecht et al. (2013).

Chips in hands at American workplaces: O. Ording, "Låser opp dører med en chip under huden" (Unlocking doors with a chip under the skin),NRK, August 13, 2017, nrk.no/norge/ laser-opp-dorer-med-en-chip-under-huden-1.13637732.

Arne Larsson, first pacemaker: L. K. Altman, "Arne H. W. Larsson, 86;Had First Internal Pacemaker," The New York Times, January 18, 2002,nytimes.com/2002/01/18/world/arne-h-w-larsson-86-had-first-internal-pacemaker.html.

机器人的未来

In the future, machines in the body could operate without batteries:Giselbrecht et al. (2013).

Considerable requirements for systems that make perfectly clean components: E. D. Williams et al., "The 1.7 Kilogram Microchip:Energy and Material Use in the Production of Semiconductor Devices," Environmental Science and Technology 36 (2002): 5504-10.

Chemical separation requires one third as much energy as the entire transport sector: The transport sector makes up 35 percent of the world's energy consumption: International Energy Agency, Key World Energy Statistics 2017, doi.org/10.1787/key_energ_stat-2017-en.

Chemical separation makes up 10 to 15 percent of the world's energy consumption: D. S. Sholl and R. P. Lively, "Seven Chemical Separations to Change the World," Nature 532 (2016): 435-37.

Bacteria that make nanotubes: Y. Tan et al., "Expressing the Geobacter metallireducens PilA in Geobacter sulfurreducens Yields Pili with Exceptional Conductivity," mBio 8 (2017): e02203-16.

Requirements for materials to be used in space: W. Wassmer, "The Materials Used in Artificial Satellites and Space Structures," Azo Materials, May 12, 2015, azom.com/article.aspx?ArticleID=12034.

第五章　骨骼与混凝土中的钙和硅

Teeth and bones contain calcium, phosphorus, and oxygen, as well as silicon (osteoblasts—cells that make bone tissue—contain silicon):Khurshid and Qureshi (1984).

硬而脆

Ceramic materials, definition and properties: B. Basu and K. Balani,Advanced Structural Ceramics, Wiley, 2017.

让黏土成型

Technical definition of clay: Wikipedia, "Clay," updated February 21, 2020, en.wikipedia.org/wiki/Clay.

Crystal structure, clay minerals: James Hutton Institute, "Clay Minerals," claysandminerals.com/minerals/clayminerals.

Ceramics production, history: American Ceramic Society, "A Brief History of Ceramics and Glass," ceramics.org/about/what-are-engineeredceramics-and-glass/brief-history-of-ceramics-and-glass.

窗玻璃中凌乱的原子

Oldest human-made glass 4,500 years old: S. C. Rasmussen, How Glass Changed the World, Springer, 2012.

Glass in volcanoes, earthquakes, meteorite strikes: B. P. Glass, "Glass: The Geologic Connection," International Journal of Applied Glass Science 7(2016): 435–45.

Contents of glass, how glass is produced; just a small amount of the wrong glass in the furnace could be enough to have to throw everything away:L. L. Gaines and M. M. Mintz, Energy Implications of Glass Container Recycling, US Department of Energy Report ANL/EDS-18 NREL/TP-430-5703, osti.gov/servlets/purl/10161731.

Manufacturing of glass, molds, windows: Safeglass (Europe) Limited, "Modern Glass Making Techniques," breakglass.org/Glass_making.html.

The glass in the windshield is cooled down extra quickly: Wikipedia, "Tempered

Glass," updated February 1, 2020, en.wikipedia.org/wiki/Tempered_glass.

Refractory mold with boron oxide: Wikipedia, "Borosilicate Glass," updated January 13, 2020, en.wikipedia.org/wiki/Borosilicate_glass.

Crystal glass with lead, and is it dangerous to drink from a crystal glass that contains lead?: Wikipedia, "Lead Glass," updated February 8, 2020,en.wikipedia.org/wiki/Lead_glass.

Glass in advanced communication, more important in the future: NRC (2018).

从海藻到混凝土

Flint deposits in the Nordics: Store Norske Leksikon, "Flint—arkeologi," updated October 26, 2018, snl.no/Flint_-_arkeologisk.

Limestone is broken down at over 800 ℃ (but for efficiency, the furnace often must be heated to much higher temperatures): B. R. Stanmore and P. Gilot, "Review—Calcination and Carbonation of Limestone During Thermal Cycling for CO2 Sequestration," Fuel Processing Technology86 (2005): 1707–43.

About calcination, slaked lime, lime mortar, and its early use: Courland (2011).

角斗场中的火山灰

Most of the information in this section is taken from Courland (2011).

Volcanic eruption, Santorini, 1640 bce (a search of recent articles will show that the exact date is still being debated): T. Pfeiffer, "Vent Development During the Minoan Eruption (1640 BC) of Santorini, Greece, as Suggested by Ballistic Blocks," Journal of Volcanology and Geothermal

Research 106 (2001): 229–42.

The volcanic eruption and the subsequent tsunami led to the fall of Minoan culture: This is a leading hypothesis, but not universal. See, for example,J. Grattan, "Aspects of Armageddon: An Exploration of the Role of Volcanic Eruptions in Human History and Civilization," Quaternary International 151 (2006): 10–18.

刮开云层的混凝土

The information in this section is taken from Courland (2011). In addition, I've used my own experience from several years of research on concreteand materials.

沙子是足够的吗？

Suitability of various types of sand and gravel in concrete; 70 to 90 percent of solid material extracted, 180 million metric tons for industry, twice as much as the world's rivers; effect of withdrawals on rivers and oceans; projects in Dubai and Singapore: United Nations Environment Programme, "Sand, Rarer Than One Thinks," Global Environment Alert Service, March 2014, hdl.handle. net/20.500.11822/8665.

Twice as much concrete as all other building materials: C. R. Gagg, "Cement and Concrete as an Engineering Material: An HistoricalAppraisal and Case Study Analysis," Engineering Failure Analysis 40(2014): 114–40.

生机勃勃的陶瓷工厂

Sea urchin, mother–of–pearl are strong materials; research on creating such materials: N. A. J. M. Sommerdijk and G. de With, "Biomimetic CaCO3 Mineralization Using Designer Molecules and Interfaces," Chemical Reviews 108 (2008): 4499–550.

Bacterial concrete, use of biotechnology in construction materials:V. Stabnikov et al., "Construction Biotechnology: A New Area of Biotechnological Research and Applications," World Journal of Microbiology and Biotechnology 93 (2015): 1224–35.

第六章 多才多艺的碳：针头、橡胶和塑料

About the history of blood banks and the importance of plastic blood bags:C. W. Walter, "Invention and Development of the Blood Bag," Vox Sanguinis 47 (1984): 318–24.

天然橡胶和令人敬佩的硫化

About natural rubber and vulcanization: Massy (2017).

Glass, sealed with rubber gaskets: L. Meredith, "The Brief History of Canning Foods," The Spruce Eats, updated October 2, 2019,thespruceeats.com/brief–history–of–canning–food–1327429.

Rubber extraction in the Congo: A. Hochschild, King Leopold's Legacy, Pax Publishers, 2005.

The structure of keratin: Wikipedia, "Keratin," updated June 29, 2018,en.wikipedia.org/wiki/Keratin.

从木材到纺织品

The structure of cellulose and its materials: Massy (2017).

过去的塑料

For a discussion on whether plastic reduces food waste, see J.-P. Schwetizer et al., Unwrapped: How Throwaway Plastic Is Failing to Reduce Europe's Food Waste Problem (And What We Need to Do Instead), Institute for European Environmental Policy (IEEP), 2018.

Solid materials become liquid at about two miles deep (two to four kilometers); dinosaurs and trees turn into coal; algae and other small creatures can turn into oil: S. Chernicoff and H. A. Fox, Essentials of Geology, 2nd ed., Houghton Mifflin, 2000.

Leo Baekland, first plastic made from fossil sources: Massy (2017); J. Jiang and N. King, "How Fossil Fuels Helped a Chemist Launch the Plastic Industry," September 29, 2016, All Things Considered, transcript and audio at Planet Money, npr.org/2016/09/29/495965233/how-fossil-fuels-helped-a-chemist-launch-the-plasticindustry?t=1530770723354.

New materials and their use, plastic additives: Massy (2017).

Nearly 400 million metric tons of plastic today (380 million metric tons in 2015): R. Geyer et al., "Production, Use and Fate of All Plastics Ever Made," Science Advances 3 (2017): e1700782.

Oil consumption today is 4 billion metric tons: OECD, "Crude Oil Production(Indicator)," accessed July 5, 2018, doi.org/10.1787/4747b431-en.

垃圾岛

The study of plastic on Henderson Island: Lavers and Bond (2017).

我们将如何处理所有这些塑料？

The origin of plastic on Henderson Island: Lavers and Bond (2017).

Whale with over forty plastic bags in its stomach: Store Norske Leksikon, "Plasthvalen" (Plastic whale), updated November 2, 2017, snl.no/plasthvalen.

Plastic waste in our own bodies: A. D. Vethaak and H. A. Leslie, "Plastic Debris Is a Human Health Issue," Environmental Science and Technology 50 (2016): 6825–26.

What happens to the plastic in the blue bags: "Hva skjer med plasten?" (What happens to the plastic?), Esval Miljøpark (Esval environmental park), esval.no/renovasjon/kildesortering/hva_skjer_med_plasten_.

Plastic is not very suitable for recycling: Massy (2017).

Burning plastic safely: A. Herring, "Burning Plastic as Cleanly as Natural Gas," phys.org, December 5, 2013, phys.org/news/2013-12-plastic-cleanly-natural-gas.html.

Plastic that can be broken down by microorganisms: V. Piemonte, "Inside the Bioplastics World: An Alternative to Petroleum-Based Plastics," in Sustainable Development in Chemical Engineering—Innovative Technologies,ed. V. Piemonte, John Wiley & Sons (2013); OECD (2011).

后石油时代的塑料

Projected that plastic production will increase to one billion metric tons annually; use of organisms living under extreme conditions; changing genes: OECD (2011).

The first Lego blocks were made of cellulose: K. Heggdal and C. Veløy, "Fremtidens klimavennlige Lego–univers" (The climate–friendly Lego universe of the future), NRK, December 3, 2015, nrk.no/ viten/xl/fremtidens–klimavenn–lige–lego–univers–1.12679556.

Use of cellulose, chitin, lignin, plant oils, lactic acid, bacteria that make cellulose fibers: A. Gandini, "Polymers from Renewable Resources: A Challenge for the Future of Macromolecular Material," Macromolecules41 (2008): 9491–504.

第七章 钾、氮、磷：给了我们面包的元素

死海之旅

Pumping plants in the 1960s and ' 70s, the extraction plant in the southern part, production of carnallite: Holmes (2010).

120 feet lower than before the pumping stations: S. Griffiths, "Slow Death of the Dead Sea: Levels of Salt Water Are Dropping by One Meter Every Year," MailOnline, January 5, 2015, dailymail.co.uk/ sciencetech/article-2897538/Slow–death–Dead–Sea–Levels– salt–water–dropping–one–metre–year. html.

The water level dropped by 3 feet per year: Israel Oceanographic &Limnological Research, "Long–Term Changes in the Dead Sea," isramar.ocean.org.il/isramar2009/DeadSea/LongTerm.aspx.

我们神经中的营养成分

Potassium's function in the body: Khurshid and Qureshi (1984).

从水中而来的钾

Potassium extraction: The Canadian Encyclopedia, "Potash," updated March 4, 2015, thecanadianencyclopedia.ca/en/article/potash.

The world's largest potassium producers; reserves and resources: USGS (2018).

Groundwater resources are in the process of being emptied: C. Dalin et al., "Groundwater Depletion Embedded in International Food Trade," Nature 543 (2017): 700–704.

从空气中而来的氮

Nitrogen makes up 3.2 percent of human body weight: Wikipedia, "Composition of the Human Body," updated July 2, 2018,en.wikipedia.org/wiki/Composition_of_ the_human_body.

Nitrogen in the atmosphere, transformation into forms that can be absorbed by plants, the nitrogen cycle: A. Appelo and D. Postma, Geochemistry,Groundwater and Pollution, 2nd ed., A.A. Balkema, 2005.

The Birkeland–Eyde process: Wikipedia, "Birkeland–Eyde Process," updated January 31, 2020, en.wikipedia.org/wiki/Birkeland–Eyde_process.

Laying the foundation for Norsk Hydro's production of artificial fertilizers,and the transition to the Haber–Bosch process: Wikipedia, "Norsk Hydro," updated January 31, 2020, en.wikipedia.org/wiki/Norsk_Hydro.

The Haber–Bosch process: Wikipedia, "Haber Process," updated January 8,2020, en.wikipedia.org/wiki/Haber_process.

Half of the nitrogen in agriculture comes from fertilizers; enough nitrogen fertilizer for a thousand years with all known natural gas reserves;alternative production methods: M. Blanco, Supply of and Access to Key Nutrients NPK for Fertilizers for Feeding the World in 2050, ETSI Agrónomos UPM, November 28, 2011.

Genetic modification of nitrogen fixation: F. Mus et al., "Symbiotic Nitrogen Fixation and the Challenges of Its Extension to Nonlegumes," Applied and Environmental Microbiology 82 (2016): 3698–710.

从岩石中来的磷

Phosphorus in solid form or stuck to mineral surfaces: Appelo and Postma,Geochemistry, Groundwater and Pollution.

Phosphorus is 1 percent of human body weight: Wikipedia, "Composition of the Human Body.

Historical use of phosphorus fertilizer, amount of geological phosphorus used today, use in organic farming, 20 percent of extracted phosphorus reaches food, loss of phosphorus, proportion of nutrients returned to the soil, methods of reducing geological phosphorus dependence: Cordell et al. (2009).

Major producers, resources, and reserves: USGS (2018).

Morocco and Western Sahara: A. Kasprak, "The Desert Rock That Feeds the World," Atlantic, November 29, 2016, theatlantic.com/science/archive/2016/11/the–desert–rock–that–feeds–the–world/508853.

Extraction from the seabed outside New Zealand: Chatham Rock Phosphate, "The Project Overview," rockphosphate.co.nz/the–project. The permit application was rejected in 2015, but the company is trying again. See R.Howard, "Chatham Rock Says Rejection of EPA Cost Claim Will Hurt Cash Flow," National Business Review, December 12, 2017, nbr.co.nz/article/chatham–rock–says–rejection–epa–costs–claim–will–hurt–cash–flow–b–211056.

Extraction from the seabed outside Namibia (Sandpiper Phosphate),permission in 2016: E. Smit, "Phosphate Mining Gets Green Light," Ministry of Environment and Tourism Namibia, October 19, 2016,met.gov.na/news/159/phosphate–mining–gets–green–light. The permit was later revoked following disagreement with local groups, and the case is not yet closed: G. Mathope, "Marine Phosphate Mining Gets Namibians Hot Under the Collar," Citizen, April 26, 2017, citizen.co.za/business/1497708/marine–phosphate–mining–gets–namibians–hot–collar.

Warning of dramatic lack of phosphorus for food production in less than 100 years: Cordell et al. (2009); Sverdrup and Ragnarsdóttir (2014).

Documented reserves, can extract phosphorus for over 1,100 years: USGS(2018) states total resources are around 300 billion metric tons, 263 million metric tons were mined in 2017, 300 billion metric tons /

263 million metric tons per year = 1,100 years. For discussion on whether we will observe scarcity of phosphorus in a few decades, see also: F.–W. Wellmer, "Discovery and Sustainability," in Non–Renewable Resources Issues, ed. R. Sinding–Larsen and F.–W. Wellmer, Springer, 2012; and R. W. Scholz and F.–W. Wellmer, "Approaching a Dynamic View on the Availability of Mineral Resources: What May We Learn from the Phosphorous Case?," Global Environmental Change 23 (2012): 11–27.

Nature spends a hundred years creating one inch of topsoil, loss of topsoil occurs ten to a hundred times faster than new soil is formed, today phosphorus loss is six times greater than the natural supply, optimizing agriculture to get the most phosphorus from the environment, population reduction: Sverdrup and Ragnarsdóttir (2014).

The Dust Bowl catastrophe: Wikipedia, "Dust Bowl," updated July 8, 2018, en.wikipedia.org/wiki/Dust_Bowl.

Half of the topsoil in the Midwest lost in the last hundred years:K. W. Butzer, "Accelerated Soil Erosion: A Problem of Man–Land Relationships," in Perspectives on Environment, ed. I. R. Manners and M.W. Mikesell, Association of American Geographers, 1974.

Strategies for preventing erosion from agricultural land: Pipkin (2005).

Urine–separating toilets in Sweden: Sweden Water and Sewer Guide, "Toilets," https://avloppsguiden.se/informationssidor/toaletter.

误入歧途的营养素

Little nutrition is returned, reasons: J. M. McDonald et al., Manure Use for Fertilizer and for Energy: Report to Congress US Department of Agriculture, 2009.

Computerized agricultural machinery to supply the exact amount of fertilizer needed: Norsk Landbrukssamvirke, "Presisjonslandbruketvil redusere klimagassutslipp" (Precision agriculture will reducegreenhouse gas emissions), updated September 18, 2018, landbruk.no/biookonomi/presisjonslandbruk–redusere–klimagassutslipp.

死海的未来

The bottom of the evaporation pools rises by almost seven inches a year (17.8 cm): Holmes (2010).

第八章 没有能量的世界，一切戛然而止
从太阳中获取能量

Reflections on how human energy consumption has evolved differently from animals' are taken from Smil (2004).

耗尽地球储存的能量

Stored energy decreased two–thirds in 1900 compared to year 0; today about half remains (55 percent remained in the year 2000; I have assumed continued reduction); 85 percent of today's energy comes from fossil energy sources; the amount of energy to civilization is one quarter of the energy plants capture from the sun: J. R. Schramski et al., "Human Domination of the Biosphere: Rapid Discharge of the Earth–Space Battery Foretells the Future of Mankind, PNAS 112 (2015): 9511–17.

World population, 2012: US Census Bureau, International Database, "Total Midyear Population for the World: 1950–2050," web.archive.org/web/20120121175120/http://www.census.gov/population/international/data/idb/worldpoptotal.php, updated June 27, 2011; 7.6 billion in 2018:Worldometer, worldometers.info/world–population.

The energy supply for my family compared to before: Smil (2004);S. Arneson, "En norsk husholdning har samme energi– bruk som 3000 slaver og 200 trekkdyr" (A Norwegian household uses the same amount of energy as 3,000 slaves and 200 migratory animals), Teknisk Ukeblad,January 13, 2015, tu.no/artikler/kommentar–en–norsk–husholdning–har–samme–energiforbruk–som–3000–slaver–og–200–trekkdyr/223656. The estimates from Smil (USA) have been adjusted down to adapt to Norwegian conditions.

我们想要的社会

Energy surplus, specialization, and proportion of the population in food production: R. Heinberg, Peak Everything: Waking Up to the Century of Declines, New Society Publishers, 2007.

The order of priority tasks ("Pyramid of energetic needs"): J. G. Lambert et al., "Energy, EROI and Quality of Life," Energy Policy 64 (2014): 153–67.

能量的输入，能量的输出

This section is based on the Energy Return on Investment (EROI) concept, also known as Energy Return on Energy Invested (EROEI).EROI = energy out / energy in.

EROI = 20 for a good life, EROI > 10 for industrial society, EROI = 3 minimum target for primitive civilization, EROI = 10 for hunters and gatherers, EROI = 100 for oil extracted in the 1930s: C. A. S. Hall et al., "What Is the Minimum EROI That a Sustainable Society Must Have?," Energies 2 (2009): 25–47.

EROI = 20 for today's conventional oil field (world average 18 in 2005):C. A. S. Hall et al., "EROI for Different Fuels and the Implications forSociety," Energy Policy 64 (2014): 141–52.

EROI = 10 (under 10) for unconventional oil sources: D. J. Murphy, "The Implications of the Declining Energy Return on Investment of Oil Production," Philosophical Transactions of the Royal Society A:Mathematical, Physical, and Engineering Sciences, 327 (2014): 20130136.

走出化石社会

Most people agree that we've spent significant amounts of fossil energy resources; the oil age will end during this century or the next: Resources will last 80 to 240 years with today's consumption: Sverdrup and Ragnarsdóttir (2014).

Climate change and consequences: Intergovernmental Panel on Climate Change (IPCC), Climate Change 2014: Synthesis Report, IPCC, 2014,ipcc.ch/report/ar5/syr.

地热与核能：来自地球起源时的能源

Radioactive materials when neutron stars collide with each other or with black holes: S. Rosswog, "Viewpoint: Out of Neutron Star Rubble Comes Gold," Physics, December 6, 2017, physics.aps.org/articles/v10/131.

Heat flow is generally too small but can be useful in specific places: D. J. C.McKay, Sustainable Energy—Without the Hot Air, UIT Cambridge Ltd,2009.

Iceland large aluminum producer (Iceland was the world's tenth–largest aluminum producer in 2017): USGS (2018).

How the reactor in a nuclear power plant works, chain reaction: Store Norske Leksikon, "Kjernereaktor" (Nuclear reactor), updated January 21,2015, snl.no/kjernereaktor.

Out of uranium in 60 to 140 years with today's technology; new technology could power us 25,000 years into the future: Sverdrup and Ragnarsdóttir(2014).

New reactors, high demands on materials in new reactors, and nuclear risk: See F. Pearce, "Are Fast–Breeder Reactors the Answer to Our Nuclear Waste Nightmare?," Guardian, July 30, 2012, theguardian.com/environment/2012/jul/30/fast–breeder–reactors–nuclear–waste–nightmare, and N. Touran, "Molten Salt Reactors," WhatIsNuclear, whatisnuclear.com/msr.html.

直接来自太阳的能量

How solar cells work: Wikipedia, "Solar Cells," accessed February 21,2020, en.wikipedia.org/wiki/Solar_cell.

Solar cells accelerating development; many believe they will be the most important: International Energy Agency (IEA), World Energy Outlook 2017, IEA, 2017, iea.org/weo2017.

Supplies of lead will decline before 2050, followed by tin and silver:Sverdrup and Ragnarsdóttir (2014).

Contents of new types of solar cells (gallium, tellurium, indium, selenium) and pigment solar cells: Ö hrlund (2011).

Selenium linked to copper, gallium to aluminum: V. Steinbach and F.–W.Wellmer, "Consumption and Use of Non–Renewable Mineral andEnergy Raw Materials from an Economic Geology Point of View," Sustainability 2 (2010): 1408–30.

About solar cells with dyes: Wikipedia, "Dye–Sensitized Solar Cell," updated July 9, 2018, en.wikipedia.org/wiki/Dye–sensitized_solar_cell.

流动的水，吹拂的风

Greater potential for development of wind power than hydropower: See figures from the International Energy Agency, "Hydropower," iea.org/topics/renewables/hydropower (119 GW increase 2017–2022), and "Wind," iea.org/topics/renewables/wind (295 GW increase 2017–2022),both parts from IEA, Renewables 2017, IEA, 2017.

Development of wind turbines accelerated in the 1970s; life expectancy of wind turbines twenty to thirty plus fifteen years; life span of coal and nuclear power plants thirty to fifty years; materials in wind turbines:Wilburn (2011).

Could have produced all the energy we need in Norway with wind:Net energy consumption in Norway 2016 was 214 terawatt hours(TWh): Statistics Norway, "Production and Consumption of Energy,Energy Balance," updated June 20, 2018, ssb.no/energi–og–industri/

statistikker/energibalanse. Theoretical resource basis for onshorewind power is 1,400 TWh: Norwegian Water Resources and Energy Directorate (NVE), "Resource Base," updated April 11, 2019, nve.no/energiforsyning/ressursgrunnlag.

Hydropower EROI > 100, wind power EROI = 20: Hall et al., "EROI for Different Fuels and the Implications for Society."

稀土元素

On rare–earth elements: Wikipedia, "Rare–Earth Element," accessed February 21, 2020, en.wikipedia.org/wiki/Rare–earth_element.

Neodymium and sixty other elements in the mobile phone: J. Desjardins, "Extraordinary Raw Materials in an iPhone 6s," Visual Capitalist,March 8, 2016, visualcapitalist.com/extraordinary–raw–materialsiphone–6s.

Challenges in the development of wind turbines: O¨hrlund (2011); Wilbur (2011).

The Fen Complex, perhaps Europe's largest deposit; mapping today:J. Seehusen, "Norge kan sitte på Europas største forekomst av sjeldne jordarter" (Norway could be sitting on Europe's largest occurrence of rare–earth elements) Teknisk Ukeblad, July 23, 2017, tu.no/artikler/norge–kan–sitte–pa–europas–storste–forekomst–av–sjeldne–jordarter/398067.

The Fen Complex, geological history: S. Dahlgren, "Fensfeltet—et stykke eksplosiv geologi" (The Fen Complex—A piece of explosive geology),Stein magasin for populærgeologi 3 (1993): 146–55.

让宁静的冬夜充满能量

Pump power plants: Wikipedia, "Pumped–Storage Hydroelectricity," updated February 19, 2020, en.wikipedia.org/wiki/Pumped–storage_hydroelectricity.

Energy stored in molten salt: Wikipedia, "Thermal Energy Storage:Molten–salt technology," updated February 7, 2020, en.wikipedia.org/wiki/Thermal_energy_storage#Molten–salt_technology.

电池中的钴

Use of lithium and cobalt in batteries: Wikipedia, "Lithium–Ion Battery," updated July 18, 2018, en.wikipedia.org/wiki/Lithium–ion_battery.

Extraction from solid rock (spodums) in Australia and saltwater sources(brine) in Argentina and Chile; estimated resources over 1,200 years with current production (total resources 53 million metric tons,production in 2017 at 43,000 metric tons, yields 1,233 years with current production): USGS (2018).

Extraction of cobalt in the Congo: USGS (2018); T. C. Frankel, "The Cobalt Pipeline: Tracing the

Path from Deadly Hand-Dug Mines in Congo to Consumers' Phones and Laptops," Washington Post,September 30, 2016, washingtonpost.com/graphics/business/batteries/congo-cobalt-mining-for-lithium-ion-battery.

Energy density in oil (approx. 55 MJ/kg), lithium-ion batteries (theoretical maximum approx. 3 MJ/kg), lithium-air batteries (theoretical maximum approx. 43 MJ/kg); one kilogram of hydrogen has three times as much energy as one kilogram of oil: K. Z. House and A. Johnson, "The Limits of Energy Storage Technology," Bulletin of the Atomic Scientists, January 20, 2009, thebulletin.org/2009/01/the-limits-of-energy-storage-technology.

Fuel cells contain platinum: International Platinum Group Metals Association, "Fuel Cells," ipa-news.de/index/pgm-applications/automotive/fuel-cells.html.

South Africa the largest producer of platinum; four other countries: USGS(2018).

Platinum among one of the elements that the authorities pay extra attention to: NRC (2008).

来自植物的汽油

Photosynthesis stores a maximum of 12 percent of solar energy; can get EROI= 50 for energy-rich plants and lots of sun; biofuels on the market today have an EROI between 2 and 5, around 1 for difficult resources: A. K. Ringsmuth et al., "Can Photosynthesis Enable a Global Transition from Fossil Fuels to Solar Fuels, to Mitigate Climate Change and Fuel-Supply Limitations?," Renewable and Sustainable Energy Reviews 62 (2016): 134-63.

Solar cells could store about 20 percent of solar energy: Wikipedia, "SolarCells," accessed February 21, 2020, en.wikipedia.org/wiki/Solar_cell.

Growing algae in tanks or pipes: OECD (2011).

如今我们吃石油

The phrase "today we eat oil"; ten times more energy needed to produce food than it provides; increased food production since the 1950s: D.

第九章 B计划

无限的能量：地球上的太阳

Temperature and pressure in the sun; research during the Cold War; tokamak and stellarators—design and challenges; stellarator first proposed in the 1950s, developed in the 1980s: A. Mann, "Core Concepts: Stabilizing Turbulence in Fusion Stellarators," PNAS 114 (2017): 1217-19.

Use of deuterium and tritium; today tritium is produced by a rare variant of lithium; a thousand years of energy consumption with lithium from Earth's crust, several million years with sea extraction; no meltdowns or explosions in the fusion reactor; plasma is trapped by magnetic fields;radioactive material produced in fusion reactor: S. C. Cowley, "The Quest for Fusion Power," Nature Physics 12 (2016): 384-86.

The sabotage action against Norsk Hydro: Wikipedia, "Norwegian Heavy Water Sabotage," accessed

February 21, 2020, en.wikipedia.org/wiki/Norwegian_heavy_water_sabotage.

ITER first plasma in 2025: ITER, "Building ITER," iter.org/construction/construction.

Wendelstein 7−X Plasma in 2016: Max Planck Institute for Plasma Physics, "Wendelstein 7−X: Upgrading After Successful First Round of Experiments," press release, July 8, 2016, ipp.mpg. de/4073918/07_16.

空间中的元素

Tutankhamen's dagger: Comelli et al. (2016).

Thousands of meteorites every year; 2,500 metric tons of iron, 600 metric tons of nickel, 100 metric tons of cobalt: Sverdrup and Ragnarsdóttir (2014).

Extract 1.5 billion metric tons of iron, 2 million metric tons of nickel, 110,000 metric tons of cobalt: USGS (2018).

Thousands of known asteroids in the solar system; asteroid belts 90 to 280 million miles from Earth (185 to 370 million miles from the Sun, Earth is 95 million miles from the Sun); Ceres largest with 600−mile diameter;likely several thousand nearer Earth, 250 known, several thousandcould hit Earth; contents of asteroids: NASA, "Near Earth Rendezvous (NEAR) Press Kit," February 1996, https://www.nasa. gov/home/hqnews/presskit/1996/NEAR_Press_Kit/NEARpk.txt.

How asteroid mining will take place: Science Clarified, "How Humans Will Mine Asteroids and Comets," scienceclarified.com/scitech/Comets−and−Asteroids/How−Humans−Will−Mine−Asteroids−and− Comets.html.

Effect of long−term weightlessness on the body (describing the most recent findings of the "twin study," in which Scott Kelly spent almost a year on the International Space Station while his twin brother was on Earth; more results will come later in 2018): J. Parks, "How Does Space Change the Human Body?," Astronomy, February 16, 2018, astronomy. com/news/2018/02/how−does−space−change− the−human−body.

Hayabusha: E. Howell, "Hayabusha: Troubled Sample−Return Mission," Space.com, March 30, 2018, space.com/40156−hayabusa.html.

Hayabusha 2: E. Howell, "Hayabusha2: Japan's 2nd Asteroid Sample Mission," Space.com, July 9, 2018, space.com/40161−hayabusa2.html.

OSIRIS−REx: NASA, "About OSIRIS−REx," nasa.gov/mission_pages/osiris−rex/about. According to NASA's "Mission Status" page, everything is going according to plan and the vessel is currently orbiting Bennu in preparation for sample collection: asteroidmission.org/status−updates.

Commercial companies with mining plans, focus on resources that are useful in space: C. P. Persson, "Gruvedrift på asteroider: Første skritt blir drivstoffstasjoner i verdensrommet (Mining on asteroids: The first step will be fuel stations in space), forskning.no, April 8, 2017, forskning.no/romfart/ gruvedrift−pa−asteroider−forste−skritt−blir−drivstoffstasjoner−iverdensrommet/354247.

远离地球?

Elon Musk on leaving Earth: M. Mosher and K. Dickerson, "Elon Musk: We Need to Leave Earth as Soon as Possible." Business Insider, October 10, 2015, businessinsider.com/elon–musk–mars–colonies–human–survival–2015–10?r=US&IR=T&IR=T.

Stephen Hawking on leaving Earth: M. Valle, "Slik tror Stephen Hawking at vi kan forlate solsystemet" (This is how Stephen Hawking thinks we can leave the solar system), Teknisk Ukeblad, June 21, 2017, tu.no/artikler/slik–tror–stephen–hawking–at–vi–kan–forlate–solsystemet/396288.

Lecture with Kip Thorne: K. Thorne, "The Science of the Movie," lecture,Realfagsbiblioteket, University of Oslo, September 7, 2016.

Interstellar: C. Nolan, dir., Interstellar, Legendary Pictures, 2014.

Closest neighboring star is four light years away: Wikipedia, "Proxima Centauri," accessed February 21, 2020, en.wikipedia.org/wiki/Proxima_Centauri.

第十章　我们能让地球消耗殆尽吗?
增长的极限

Limits to growth: D. H. Meadows et al., The Limits to Growth (Where Is the Limit?), Universe Books, 1972.

Malthus warned in 1798: Jackson (2017); T. Malthus "An Essay on the Principle of Population, as It Affects the Future Improvement of Society,with Remarks on the Speculations of Mr. Goodwin, M. Condorcet, andOther Writers," London: J. Johnson, 1798.

Smith in 1766: Raworth (2017), see page 250: "Adam Smith believed that every economy would eventually reach what it called a 'stationary state' with its 'full complement of riches' ultimately being determined by 'the nature of its soil, climate and situation'" (A. Smith, An Inquiry into the Nature and Causes of the Wealth of Nations, 1776)

Adam Smith was the founder of social economics: A. Sandmo, "Nasjonenes velstand" (The Wealth of Nations), Minerva, December 20,2011, minervanett.no/nasjonenes–velstand/131848.

经济增长的必要性

The economy is built on growth, only going up or down, not straight ahead; economic growth without increasing resource use (decoupling) and the potential for economic stability without growth: See Raworth(2017) and Jackson (2017).

宜居带

Revolt among economics students: See rethinkingeconomics.org